河南省农村生态环境政策标准体系研究与实践
——农村污水治理

河南省生态环境技术中心　编著

中国环境出版集团·北京

图书在版编目（CIP）数据

河南省农村生态环境政策标准体系研究与实践：农村污水治理 / 河南省生态环境技术中心编著. – – 北京：中国环境出版集团，2024.12. – –ISBN 978-7-5111-6028-7

Ⅰ．X703

中国国家版本馆 CIP 数据核字第 2024TT5328 号

责任编辑　董蓓蓓
封面设计　彭　杉

出版发行　中国环境出版集团
　　　　　（100062　北京市东城区广渠门内大街 16 号）
　　　　　网　　　址：http：//www.cesp.com.cn
　　　　　电子邮箱：bjgl@cesp.com.cn
　　　　　联系电话：010-67112765（编辑管理部）
　　　　　发行热线：010-67125803，010-67113405（传真）
印　　刷　北京中献拓方科技发展有限公司
经　　销　各地新华书店
版　　次　2024 年 12 月第 1 版
印　　次　2024 年 12 月第 1 次印刷
开　　本　787×1092　1/16
印　　张　10.5
字　　数　190 千字
定　　价　79.00 元

编委会

主　编：苏嫚丽　尧少锋　刘　驰

副主编：马勇光　蔡文倩

编　委：王　婧　李　哲　刘盛世　方　冀

　　　　徐千雅　王军强　刘晓菊　梁鹏翔

前言

党的十八大以来，党中央坚持把解决好"三农"问题作为全党工作的重中之重，举全党全社会之力推动乡村振兴。农村污水治理是农村人居环境整治的重要内容，是实施乡村振兴战略的重要举措，是全面建成小康社会的内在要求。近年来，国家层面相继发布了一系列农村污水治理相关政策文件，指导推动地方开展农村污水治理工作，取得了显著成效。"十三五"时期以来，河南省结合自身实际，围绕农村污水治理工作，制定出台了《农村生活污水处理设施水污染物排放标准》《河南省农村生活污水治理规划（2021—2025 年）》《农村黑臭水体治理技术规范》《河南省农村生活污水处理设施运行维护管理办法（试行）》《河南省农村生活污水处理设施运行维护技术指南（试行）》等多项政策及标准文件，形成了一批农村生活污水治理推荐技术模式，初步探索构建了"规划—建设—运管"的河南省农村污水治理政策标准体系，对河南省农村生态环境治理、农村水环境改善、美丽乡村建设发挥了重要作用。

在地方农村生态环境政策及标准文件的研究制定工作中，为使文件更具实用性和可操作性，针对不同类型的文件，需要不同的工作思路、方法和技术路线。与治理技术规范相比，农村污水排放标准最大的特点在于其属于强制性标准，法律效力相当于技术法规，其制定依据是污染治理实用技术可达、经济可行，同时需考虑农村发展实际，应宽严适度，需找到农村发展实际与农村环境改善需求之间的平衡点；而技术规范属于推荐性标准，侧重于规范流程、技术指导。

河南省生态环境技术中心长期从事河南省地方生态环境政策及标准文件的制定工作，积累了大量工作经验。本书集中反映了河南省生态环境技术中心主持和主要参与制定一系列河南省农村污水治理相关重要政策及标准文件的工作情况，展示了农村污水治理相关政策及标准文件的制定工作的内容、工作思路及对部分重点问题的思考和解决方法，是河南省农村生态环境管理的重要技术支撑，是河南省农村生态环境政策及标准文件研究制定工作成果的集结。

河南省农村污水治理政策及标准文件制定工作过程和本书编撰过程中得到了河南省生态环境厅、相关市县生态环境管理部门，专家，企业等的大力支持，谨此表示诚挚的谢意！

由于编者水平有限，书中难免有不妥之处，敬请批评指正！

编　者

2024 年 4 月

目 录

1 政策标准体系

1.1 生态环境政策

1.1.1 政策的定义及特征

"政策"是现代社会政治生活中使用非常广泛的概念之一，但由于角度不同及利益取向的差异，中外学者对它的含义理解歧义颇多，并没有形成一致的界定和彼此的认同。

美国学者伍德罗·威尔逊是公共行政学的首创者之一，认为"政策是由政治家即具有立法权者制定的而由行政人员执行的法律和法规"；戴维·伊斯顿认为"公共政策是对全社会的价值做权威性的分配"；哈罗德·拉斯韦尔与亚伯拉罕·卡普兰是政策科学的主要倡导者和创立者，认为"政策是一种含有目标、价值与策略的大型计划"；罗伯特·艾斯顿认为公共政策就是"政府机构和它周围环境之间的关系"；托马斯·戴伊认为"凡是政府决定做的或不做的事情就是公共政策"；詹姆斯·安德森认为"政策是一个有目的的活动过程，而这些活动是由一个或一批行为者，为处理某一问题或有关事务而采取的""公共政策是由政府机关或政府官员制定的政策"；卡尔·弗里德里奇认为政策是"在某一特定的环境下，个人、团体或政府有计划的活动过程，提出政策的用意就是利用时机、克服障碍，以实现某个既定的目标，或达到某一既定的目的。"以上西方著名学者的"政策"定义均是从某一方面来论述的，虽带有片面性，但也基本上概括了政策的主要含义：①政策是由政府或其他权威人士所制定的计划和规划；②政策是一系列活动组成的过程；③政策具有明确的目的、目标或方向，不是自发或盲目的行为；④政策是对社会所做的权威性价值分配。

我国学者林世波在《公共政策》一书中将公共政策定义为，"政府选择作为或不作为的行为"（这类似于托马斯·戴伊的政策定义）；伍启元在其著作《公共政策》一书中将"公共政策"定义为，"公共政策是政府所采取的对公私行动的指引"；王福生在《政策学研究》中将政策解释为"人们为实现某一目标而确定的行为准则和谋略，简言之，政策就是治党治国的规则和方略"；张金马在《政策科学导论》中定义政策为"党和政府用以规范、引导有关机构团体和个人行为的准则或指南"；孙光在《政策科学》中认为"政策是国家和政党为了实现一定的总目标而确定的行动准则，它表现为对人们的利益进行分配和调节的政治措施和复杂过程"。我国大陆学者对政策的理解强调政党和政府的政策主体地位及政策的目标取向，忽略了社会政治团体的主体性和政策的过程性；我国台湾学者在一定程度上忽略了政党占主导地位的国家政策过程，忽视了对政党的指导作用的强调。

综上所述，我们将政策定义为：政策是国家机关、政党及其他政治团体在特定时期为实现或服务于一定社会政治、经济、文化目标任务而确定的行动指导原则或准则，是一系列谋略、法令、措施、办法、方法、条例等的总称。政策是人类社会发展到一定阶段——阶级社会的产物，具有鲜明的阶级性，是社会上层建筑的重要组成部分。

根据定义，政策通常具有如下基本特征：

①权威性。政策都有特定的主体，即国家权威机构、政党及其他政治集团、团体，并体现主体的意志，经过特定权威机关颁布，具有法定权威性。

②针对性和明确性。政策是在特定的历史时期，为了解决某种问题而制定的，目标指向明显。列宁指出"方针明确的政策是最好的政策，原则明确的政策是最实际的政策"。

③相对稳定性和可操作性。政策制定是基于一定的经济基础、社会主要矛盾，有具体的作用对象或客体。在一定的历史时期，具有相对稳定性和可操作性。

1.1.2 生态环境政策的定义及特征

生态环境政策是生态环境保护公共政策的简称，其内涵是国家为保护和改善人类环境所采取的一切对策和行动。生态环境政策是可持续发展战略和环境保护战略的延伸和具体化，是诱导、协调生态环境政策调控对象的观念和行为的准则，是实现可持续发展战略目标的定向管理手段。

我国的生态环境保护工作起步于生态环境政策，1973 年第一次全国环境保护会议拟定的《关于保护和改善环境的若干规定（试行草案）》就是一个政策性文件。生态环境政策对于我国生态环境保护工作的开展发挥了重要的作用，主要是由于 20 世纪 70 年代我国的环境法制不健全，环境法律尚未制定出台，为适应环境保护的时代需求，国家出台环境保护政策是十分必要的，同时是一种迫于无奈的选择。历史实践也证明了生态环境政策在我国环境法制建设不健全时期确实发挥了积极作用，即使是在环境法制快速发展的今天，生态环境政策依然发挥着重要作用。

我国的生态环境政策作为与生态环境法律并列的生态环境管理手段，其特征主要表现在以下几方面：

（1）具有长期性和稳定性

生态环境问题的解决需要长时间的积累，因此导向性和纲领性的生态环境政策需要具有长期性和稳定性。

（2）具有发展阶段性

经济社会的发展在不同的阶段所带来的生态环境问题及其解决方案要求不同，因此生态环境政策具有发展阶段性。

（3）具有多样性

生态环境问题复杂多样，涉及的政策客体不同，因而生态环境政策类型多样，大体分为三类：一是命令控制型生态环境政策，如生态环境标准，具有法律强制性和法律权威性；二是经济激励型生态环境政策，如环境收费、环境补贴、排污权交易等，通过创建市场和利用市场影响当事人对选择行动的成本进行评估，将企业污染外部性内部化，从而达到积极改善环境的目的；三是公众参与型生态环境政策，如环境信息披露、自愿协议等，着重强化公众环保意识，以公众或社会舆论压力影响企业的环境治理行为。

（4）具有交叉渗透性

生态环境问题与经济、社会、政治等问题相互交织，生态环境政策需要与其他政策领域进行协调和配合，形成综合性的政策体系，因此生态环境政策具有多角度的交叉渗透性。

（5）具有实践时效性

生态环境政策是需要在实践贯彻落实中不断调整和完善的，会随着经济发展水平的提高、发展结构的变化及污染治理技术的进步而不断发展和完善。

1.1.3 生态环境政策的作用及法律意义

①生态环境政策的首要作用是保护环境。通过制定和实施生态环境政策，可以减少污染物的排放，降低环境破坏的程度，保护自然资源，维护生态平衡。生态环境政策的实施有利于减缓全球气候变化、防止生物多样性丧失、减少土地荒漠化等。

②生态环境政策对经济发展具有重要的引导作用。通过推行环保法规和生态环境标准，可以促使企业进行技术改造和产业升级，推动经济向绿色、低碳、循环方向转型。生态环境政策的实施可以促进环保产业的发展，推动经济结构的优化和调整。

③生态环境问题往往与民生问题紧密相关，如水源污染、空气质量等。生态环境政策的制定和实施可以有效地解决这些问题，保障人民群众的身体健康和生命安全，增强社会稳定性。同时，生态环境政策的公平实施可以减少社会不公，保障弱势群体的权益。

④随着全球环保意识的提高，生态环境政策已成为国家竞争力的重要组成部分。实施严格的生态环境政策可以提升企业的环保形象和品牌价值，提高产品的国际竞争力。此外，符合国际环保标准的产品和服务在国际市场上具有更大的竞争优势。

⑤良好的生态环境是公众福祉的重要保障。生态环境政策的实施可以提供清洁的水源、空气和土壤，减少环境问题对人民群众生产生活的影响，提高生活质量。同时，生态环境政策的实施还可以提供更多的生态服务和休闲空间，丰富人民群众的精神文化生活。

⑥生态环境政策的制定和实施需要依据相关的法律法规。在实践中，生态环境政策不断完善和发展，推动相关法律法规的制定和修订。生态环境政策与法律法规相互补充，共同构成完整的生态环境保护法律体系，为生态环境保护提供坚实的法律保障。

1.1.4 我国生态环境政策体系

（1）我国生态环境政策的发展历程

中华人民共和国成立 70 多年以来，我国的生态环境政策经历了从无到有、从"三废"治理到流域区域治理、从实施主要污染物总量控制到环境总体质量改善、从环境保护基本国策到全面推进生态文明建设的发展轨迹,到目前基本建立了适应生态文明和"美丽中国"建设的生态环境政策体系。

1) 政策体系初步构建阶段(1972—1991 年)

该阶段是我国环境保护意识启蒙逐步进入初步发展的阶段,主要是推进工业"三废"治理、确立"环境保护基本国策"和建立"三大政策和八项管理制度",重点是污染控制。

1972 年,中国代表团参加联合国第一次人类环境会议(斯德哥尔摩会议),国家开始重视环境问题;1973 年,第一次全国环境保护会议召开,拉开了环境保护工作的序幕,会议拟定了第一个环境保护领域的政策性文件——《关于保护和改善环境的若干规定(试行草案)》,奠定了环境政策的基础。1978 年 3 月 5 日,第五届全国人大第一次会议通过《中华人民共和国宪法》,对环境保护作出明确规定——"国家保护环境和自然资源"。1979 年 9 月,我国第一部环境法律——《中华人民共和国环境保护法(试行)》颁布,标志着我国环境保护开始步入依法管理的轨道。1981 年,国务院发布《关于在国民经济调整时期加强环境保护工作的决定》,提出了"谁污染,谁治理"的原则;1982 年发布《征收排污费暂行办法》,排污收费制度正式建立。1983 年 12 月,在第二次全国环境保护会议上提出"环境保护是一项基本国策";1989 年 4 月底,在第三次全国环境保护会议上系统地确定了环境保护三大政策和八项管理制度,即"预防为主、防治结合""谁污染,谁治理"和"强化环境管理"的三大政策,以及"三同时"制度、环境影响评价制度、排污收费制度、城市环境综合整治定量考核制度、环境目标责任制度、排污申报登记和排污许可证制度、限期治理制度和污染集中控制制度。这些政策和制度,先以国务院政令颁发,后进入各项污染防治的法律法规在全国实施,构成了一个较为完整的"三大政策和八项管理制度"体系。

2) 政策体系建设与调整阶段(1992—2000 年)

该阶段主要是提升"环境保护基本国策"的地位,确立"可持续发展的国家战略",强化重点流域、区域污染治理,重心转向污染控制同生态建设并举。

1992 年,在联合国环境与发展大会上通过了《21 世纪议程》,提出可持续发展战略。1994 年 3 月,国务院通过《中国 21 世纪议程》,将可持续发展总体战略上升为国家战略,进一步提升了环境保护基本国策的地位。最具代表意义的是,1998 年国家环境保护局（副部级）被升格为国家环境保护总局（正部级）。这一阶段我国工业化进程开始进入第一轮重化工时代，城市化进程加快，伴随粗放式经济的高速发展，环境问题全面暴发，工业污染和生态破坏总体呈加剧趋势，流域性、区域性污染开始出现，各级政府越来越重视污染防治工作，环保投入不断增大，污染防治工作开始由工业领域逐渐转向流域和城市污染综合治理。1994 年，淮河再次暴发污染事故，标志着我国因历史上污染累积带来的环境事故已进入高发期。同年 6 月，国家环境保护局、水利部和河南、安徽、江苏、山东沿淮四省共同发布《关于淮河流域防止河道突发性污染事故的决定（试行）》。这是我国大江大河水污染预防的第一个规章制度。1995 年 8 月，国务院签发了我国历史上第一部流域性法规——《淮河流域水污染防治暂行条例》，明确了淮河流域水污染防治目标。1996 年 8 月，国务院印发《关于环境保护若干问题的决定》，提出"实施污染物排放总量控制，建立总量控制指标体系和定期公布制度"；同年 9 月，国务院批复《国家环境保护"九五"计划和 2010 年远景目标》及其两个附件《"九五"期间全国主要污染物排放总量控制计划》和《中国跨世纪绿色工程规划》，两个附件分别提出了"一控双达标"和"对流域性水污染、区域性大气污染实施分期综合治理，流域层面启动实施'33211'工程，即'三河'（淮河、辽河、海河）、'三湖'（太湖、滇池、巢湖）、'两控区'（二氧化硫控制区和酸雨控制区）、'一市'（北京市）、'一海'（渤海）"的环保工作思路。1998 年，政府批准划定了酸雨控制区和二氧化硫控制区，初步建立了以环境保护目标责任制、城市环境综合整治定量考核、创建环境保护模范城市为主要内容的一套具有中国特色的城市环境管理模式。2000 年 1 月 14 日，国家环境保护总局印发《2000 年全国环境保护工作要点》，明确加强环境立法和执法监督，开展环境战略和政策研究，标志着我国环境战略政策进入了健全发展阶段。

3）环保政策健全发展阶段（2001—2011 年）

该阶段主要是控制污染物排放总量、推进生态环境示范创建，确立"环境友好型发展战略"。

2001 年 12 月，国务院批复了《国家环境保护"十五"计划》，提出了"以可持续发展为主题，以控制污染物排放总量为主线，以防治'三河三湖两区一市一海'等重点区域的环境污染和遏制人为生态破坏为重点"的指导思想和"到 2005 年，健全适应社会主义市场经济体制的环境保护法律、政策和管理体系"的总体目标。"十五"期间，在全国初步形成了生态省（市、县）、环境优美乡镇、生态村的生态示范系列创建体系。2005 年 3 月 12 日，胡锦涛同志在中央人口资源环境工作座谈会上提出，要"努力建设资源节约型、环境友好型社会"。2005 年 10 月，党的十六届五中全会指出，要加快建设资源节约型、环境友好型社会，并首次把建设资源节约型和环境友好型社会确定为国民经济和社会发展中长期规划的一项战略任务。2006 年 4 月召开的第六次全国环境保护大会提出了"三个转变"的战略思想。2008 年，环境保护部成立，并组建华东、华南、西北、西南、东北、华北六大区域环境保护督察中心，在实行总量控制、定量考核、严格问责的同时，多种政策综合调控开始受到重视，从主要用行政办法保护环境转变为综合运用法律、经济、技术和必要的行政办法解决环境问题，政策体系基本成型。2011 年 12 月召开的第七次全国环境保护大会提出了"积极探索在发展中保护、在保护中发展的环境保护新道路"。

4）体系优化和转型阶段（2012 年至今）

该阶段主要是推进环境质量改善和"美丽中国"建设，构建生态文明体系。

2012 年，党的十八大将生态文明建设纳入中国特色社会主义事业"五位一体"总体布局，明确提出大力推进生态文明建设，努力建设美丽中国，实现中华民族永续发展。2013 年，党的十八届三中全会提出，围绕建设美丽中国，深化生态文明体制改革，加快建立生态文明制度，健全国土空间开发、资源节约利用、生态环境保护的体制机制。2018 年 5 月，全国生态环境保护大会召开，会上正式确立了习近平生态文明思想。

2014 年 4 月，我国修订完成了《中华人民共和国环境保护法》，被称为"史上最严"的环保法，随后《中华人民共和国大气污染防治法》《中华人民共和国水污染防治法》等相继完成修订，新出台的《中华人民共和国环境保护税法》《中华人民共和国土壤污染防治法》等也开始实施，环境法治体系向系统化和纵深化发展。2015 年 10 月召开的党的十八届五中全会明确提出实行省级以下环保机构监测监察执法垂直管理制度，2018 年 3 月 17 日，十三届全国人大一次会议批准《国务院机构改革方案》，组建生态环境部，统一实行生态环境保护执法，环境监管体制改革取得重大突破。随着污染治理进入攻坚阶段，中央深入实施大气、水、土壤污染防治三大行动计划，部署污染防治攻坚战，建立并实施中央生态环境保护督察制度，以中央名义对地方党委和政府进行督察，建立最严格的环境保护制度。明确了建立市场化、多元化生态补偿机制改革方向，补偿范围由单领域补偿延伸至综合补偿，跨界水质生态补偿机制基本建立，全国共有 28 个省（自治区、直辖市）开展排污权有偿使用和交易试点，2018 年《中华人民共和国环境保护税法》实施，排污收费政策退出历史舞台。我国的生态环境政策体系进入了体系优化和转型阶段。

（2）我国生态环境政策的分级

国家立法文件中未对生态环境政策作出明确规定，但在实际工作中，我国生态环境政策总体上分为环境保护国际公约、国家生态环境政策、地方生态环境政策。环境保护国际公约是多个国家及其他国际法主体之间为保护环境和利用自然资源所缔结的，以国际法为准的，确定其相互权利义务关系的国际书面协议或多边性条约，我国缔结和参与的国际公约有《生物多样性公约》《联合国气候变化框架公约》等。国家生态环境政策主要是由国务院或国务院生态环境主管部门会同其他相关部门联合批准发布、在全国范围内或者在特定区域内适用的政策，是针对全国范围内的一般生态环境问题，其政策要求会依据不同区域的经济水平、生态环境问题特征而有所区分。地方生态环境政策则主要是由省（市）级人民政府或省（市）级生态环境主管部门批准发布、在该行政区域内适用的生态环境政策，是对国家生态环境政策的补充和完善。

（3）我国生态环境政策的分类

由于生态环境问题几乎涉及自然、经济、社会各个领域，类别庞杂，划分依据不同，分类不同。

按生态环境政策涉及的范畴分类，分为社会政策、经济政策、科技政策。生态环境社会政策是协调生态环境保护与社会发展的各种政策的总称，如产业政策。生态环境经济政策是指运用税收、信贷、财政补贴、收费等各种有效经济手段引导和促进生态环境保护的政策，包括污染防治的经济优惠政策、资源生态补偿政策、污染费污染税政策。生态环境科技政策是根据国家近期和长远的生态环境保护目标，实现国民经济与生态环境保护相协调的可持续发展，指导环境保护和污染防治工作的科学技术政策。

按生态环境政策的作用对象分为人口-生态环境政策、国土-生态环境政策、资源-生态环境政策、能源-生态环境政策等，主要是根据自然资源、环境承载力等状态，为实现人与自然可持续发展而制定的人口发展、国土空间利用、资源能源开发利用等政策。

按生态环境政策的性质分为目标性政策、方针性政策、方法性政策、手段性政策等。目标性政策和方针性政策属于宏观的、战略性的政策，方法性政策和手段性政策则属于微观的、战术性的政策。

按政府的管制程度又分为命令控制型生态环境政策、经济刺激型生态环境政策、公众参与型生态环境政策。命令控制型生态环境政策主要是依据法律、法规、标准等确定的目标，实现对生产者的生产工艺、使用产品、污染物排放等活动的限制，对不达标者给予相应的处罚，从而最终影响排污者的行为，该类型生态环境政策是最常见的解决环境问题的办法，应用最广泛，包括排放标准、产业准入条例、排污许可等形式。经济刺激型生态环境政策通过影响经济主体可选择行动的成本发挥作用，驱动经济主体按照政策制定者认为最有利于环境改善的方式对某种刺激作出反应，对经济主体具有刺激性，如排污权交易、生态补偿、跨界污染补偿等。公众参与型环境政策是指政府生态环境部门向公众发布环境污染相关企业的环境信息，以消费者、公众或社会舆论压力影响企业的环境治理行为，包括信息公开、环境宣传教育、考核与表彰等。

1.2 生态环境标准

1.2.1 标准的定义及特征

标准的定义有多种。桑德斯在《标准化的目的与原理》一书中将标准定义为："标准是经公认的权威机构批准的一个个标准工作成果。它可以采用以下形式：①文件形式，内容是记述一系列必须达到的要求；②规定基本单位或物理常数，如安培、米、绝对零度等。"

国际标准 ISO/IEC 指南 2（第 8 版）将标准定义为："标准是由一个公认的机构指定和批准的文件。它对活动或活动的结果规定了规则、导则或特性值，供共同和反复使用，以实现在预定领域内最佳秩序的效益。"

我国是国际标准化组织（ISO）和国际电工委员会（IEC）的正式成员，采用国际标准定义，在《标准化工作指南 第 1 部分：标准化和相关活动的通用术语》（GB/T 20000.1—2014）中将标准定义为：标准是指为了在一定的范围内获得最佳秩序，经协商一致制定确立并由公认机构批准，为活动或结果提供规则、指南和特性，供共同使用和重复使用的文件。

根据定义,标准通常具有如下 5 个特征:

①标准必须同时具备"共同使用和重复使用"的特点。

②制定标准的目的是获得最佳秩序,以便促进共同的效益。这种最佳秩序的获得是有一定范围的,而"一定范围"是指适用的人群和相应的事物。

③制定标准的原则是协商一致。

④制定标准的程序要符合一定的规范化要求,并且标准最终要由公认机构批准发布。

⑤标准产生的基础是科学、技术和经验的综合成果。

1.2.2 生态环境标准的定义和特征

同标准的定义一样,生态环境标准[①]的定义也有多种。韩德培在《环境法知识大全》一书中定义环境标准为:"环境标准是以法规的形式表现出来的,通过规定各种污染物在环境中的允许含量或污染源排放污染物的允许水平,来保证环境质量、控制环境污染、维持生态平衡的技术规范的总称。"

蔡守秋在《环境资源法学》一书中将环境标准定义为:"为了防治环境污染、维护生态平衡、保护人体健康,对环境资源保护工作中需要统一的各项技术规范和技术要求所作的规定的总称。"

金瑞林在《环境与资源保护法学》一书中将环境标准定义为:"按照法定程序制定的,以达到提高环境质量、防治环境污染、维持生态平衡、保护人群健康、增加社会财富等目的的各种技术规范的总称。"

张梓太、吴卫星在《环境与资源法学》一书中则将环境标准定义为:"环境标准是国家为防治环境污染、维护生态平衡、保护人体健康,由国务院环境保护行政主管部门和省级人民政府依据国家有关法律规定制定的技术准则,从而使环境保护工作中需要统一的各项技术规范和技术要求法制化,是环境保护法律体系的组成部分。"

2020 年 12 月 15 日,生态环境部发布《生态环境标准管理办法》(生态环境部令第 17 号),该办法第三条规定:"本办法所称生态环境标准,是指由国务院生态环境主管部门和省级人民政府依法制定的生态环境保护工作中需要统一的各项技术要求。"

综合以上观点及《生态环境标准管理办法》,生态环境标准是国家为了保护人体健

---

① 本书中"环境标准"与"生态环境标准"等同。

康、促进生态良性循环、实现社会经济发展目标，根据国家的生态环境政策和法规，在综合考虑本国自然环境特征、社会经济条件和科学技术水平的基础上，规定环境中污染物的允许含量和污染源排放污染物的数量、浓度、时间和速率及其有关技术规范。

生态环境标准是具有法律性质的技术规范，其特征主要表现在以下五个方面：

（1）具有法律约束力

生态环境标准是评价环境状况和其他一切生态环境保护工作的法定依据。生态环境质量标准为判断生态环境是否被污染破坏提供依据，污染物排放标准为判断排污行为是否合法提供依据，生态环境基础标准和生态环境监测方法标准为确认生态环境纠纷中所出示证据是否合法提供依据。

（2）具有规范性

生态环境标准通过一些定量的数据、指标、技术规范来表示行为准则的界限，是调整人们行为的规则和尺度。

（3）具有技术性

生态环境标准的制定主体、体系结构、基本原理、制定依据、实施体系等都不同于生态环境保护法律法规，标准内容技术性强、体系结构特殊，属于自然科学范畴。

（4）具有公益性

生态环境保护的对象是人的健康和生态系统的安全，制定生态环境标准的目的是保护公共环境利益，而且生态环境标准与实施国家环境保护法律法规有密切关系。

（5）具有时效性

生态环境标准是不断变化的，它需要随着地区生态环境特征的变化而相应调整，也随着当前生态环境污染控制技术的进步和经济发展水平的提高而不断发展、完善。

1.2.3 生态环境标准的作用及法律意义

生态环境标准是国家生态环境政策在技术方面的具体体现，是特殊的环境法律制度，作为生态环境保护法规的重要组成部分，是行使环境监督管理和进行环境规划的主要依据，是推动环境科技进步的动力，是环境影响评价的依据和准绳。

（1）生态环境标准是生态环境保护法规的重要组成部分

立法机关为保证法规的合理性，制定生态环境保护相关法律法规需根据不同环境特征、不同行业、不同地区具体的污染物排放标准和生态环境质量标准，设置与之匹配的法律后果和行为模式。同时我国生态环境保护法规赋予生态环境标准法规约束性，使生态环境标准成为生态环境保护法规的重要组成部分。《中华人民共和国环境保护法》《中华人民共和国大气污染防治法》《中华人民共和国水污染防治法》《中华人民共和国噪声污染防治法》《中华人民共和国海洋环境保护法》等法规中，均明确了实施生态环境标准的条款。生态环境标准是生态环境保护法规的重要组成部分，是环境执法过程中不可或缺的重要依据。

（2）生态环境标准是各级生态环境部门行使管理职能的基本依据

一切环境监督管理活动都必须以生态环境标准为基本依据。生态环境标准是强化环境监督管理的核心，是贯穿环境监督管理工作的基准，是环境监督管理的重要措施之一。生态环境质量标准是衡量生态环境质量优劣状况的尺度，污染物排放标准为判别污染源是否违法提供了依据，生态环境监测标准、生态环境标准样品标准和生态环境基础标准则对生态环境质量标准和污染物排放标准的正确实施提出了统一的技术要求，提供了充足的技术保障，并相应提高了环境监督管理的科学性和可比性。

（3）生态环境标准是制定环境规划的重要依据

生态环境标准反映了国家生态环境保护政策目标，代表了环境规划所要达到的目标，是制定生态环境保护规定和计划的重要依据。生态环境质量标准是具有鲜明阶段性和区域性特征的规划指标，是将环境规划总目标在规划时间和空间内，依据环境组成要素和控制项目予以分解并定量化的产物，是环境规划的定量描述；污染物排放标准是具有阶段性和区域性特征的控制措施指标，是按照生态环境质量目标要求，结合区域、行业技术、经济水平和生产特征，将规划措施按照污染控制项目进行分解和定量化。

（4）生态环境标准是推动科技进步的动力

生态环境标准是以科学技术与实践的综合成果为依据制定的，代表了今后一段时期内科学技术的发展方向，具有科学性和先进性，对技术进步起到了导向作用。生态环境标准在某种程度上能够成为判断生产工艺、生产设备和污染防治技术是否先进可行的依据，其实施不但可以起到强制推广先进科技成果的作用，而且能够加速新工艺、新设备及先进污染防治技术的推广和应用。

（5）生态环境标准是环境影响评价的依据和准绳

在环境影响评价工作中，无论是生态环境质量现状评价还是环境影响评价，都需要依靠生态环境标准，作出定量化的比较和评价，正确判断生态环境质量的优劣，从而为制定切实可行的污染治理方案、进行环境污染综合整治、改善环境提供科学依据。

（6）生态环境标准是企业守法的依据，具有投资导向作用

生态环境标准可促使企业选择符合国家产业政策的投资方向，根据区域环境质量要求合理安排项目用地，采取资源能源利用率高、污染物产生量少的生产工艺，选择切合实际的清洁工艺和污染治理技术，为企业在投资方向、选址布局、污染防治设施配套等方面的决策提供指导。在基础建设和技术改造项目中，根据生态环境标准限值确定污染源治理程度，为污染源治理的资金投入提供技术依据。

1.2.4 我国生态环境标准体系

（1）我国生态环境标准发展历程

1）起步阶段（1973—1978 年）

我国生态环境标准与生态环境保护事业同步发展。1973 年，第一次全国环境保护会议召开，通过了我国第一个环境标准——《工业"三废"排放试行标准》，为我国处于起步阶段的环保事业提供了管理和执法依据，奠定了我国生态环境标准的基础。

2）标准体系框架初步构建阶段（1979—1987 年）

1979 年 3 月，第二次全国环境保护工作会议在成都召开，会议要求进一步加强环境标准工作，1979 年 9 月，颁布了《中华人民共和国环境保护法（试行）》，该法明确规定了环境标准的制修订、审批和实施权限，为环境标准工作提供了法律依据和保证；1983 年发布了《中华人民共和国环境保护标准管理办法》，开展了系统的环境标准研究、制定和发布工作，并相继制定完成了水、气、声环境质量标准。

3）标准体系建设与调整阶段（1988—1999 年）

20 世纪 80 年代末，《地面水环境质量标准》（GB 3838—88）重新修订并发布实施，同时制定了《污水综合排放标准》替代《工业"三废"排放试行标准》中的废水部分；1989 年 12 月 26 日，《中华人民共和国环境保护法》由第七届全国人民代表大会常务委员会第十一次会议审议通过并发布实施；1990 年国家环境保护局对已发布的标准进行清理整顿，1991 年 12 月，环境标准工作座谈会在广州召开，会议提出了新的环境标准体系，对现行标准实施中出现的问题进行梳理，提出解决方案，并开始着手修订综合排放标准和重点行业排放标准；1996 年对环境标准进行清理整顿，制定、发布了一批

水、气污染物排放标准。

4）标准体系发展与壮大阶段（2000—2010 年）

2000 年 4 月 29 日，新修订的《中华人民共和国大气污染防治法》明确了"超标即违法"，标准地位不断提升。自此我国环境标准进入快速发展阶段，行业型排放标准进一步加强，标准类型和数量均大幅增加。截至"十一五"期末，国家生态环境标准累计发布 1 494 项，其中废止标准 182 项，现行标准 1 312 项（国家环境质量标准 14 项、国家污染物排放标准 138 项，环境监测规范 705 项，管理规范类标准 437 项，环境基础类标准 18 项），国家环境保护标准体系的主要内容基本健全。这些标准的发布和实施，为我国开展环境保护工作、促进环境改善发挥了重要的作用。

5）体系优化及完善阶段（2011—2020 年）

2011 年 10 月，国务院印发的《关于加强环境保护重点工作的意见》中，明确"推进环境保护历史性转变，建立与我国国情相适应的环境保护宏观战略体系、全面高效的污染防治体系、健全的环境质量评价体系、完善的环境保护法规政策和科技标准体系"；2012 年 2 月，环境保护部印发《关于加快完善环保科技标准体系的意见》；2013 年 2 月，环境保护部印发《国家环境保护标准"十二五"发展规划》，明确提出"完善环境保护标准体系，进一步发挥标准对环境管理转型的支撑作用"，我国生态环境标准的地位与作用达到前所未有的新高度。截至"十三五"期末，国家生态环境标准累计发布 2 627 项，其中现行标准 2 128 项、废止标准 499 项。

6）新时期标准体系持续优化及补短板阶段（2021 年至今）

2021 年 2 月 1 日，《生态环境标准管理办法》实施，该办法完善了标准体系及类别划分，调整和明确了各类标准的作用定位与制定原则，强化了对地方标准制定的指导。2022 年 11 月，《"十四五"生态环境标准工作方案》印发，该方案明确提出持续优化国家标准体系，补齐缺项和短板，全面提升环境标准体系的完整性、协调性、科学性和适用性。

（2）我国生态环境标准分级

我国通过生态环境保护立法确立了生态环境标准体系，《中华人民共和国环境保护法》《中华人民共和国大气污染防治法》《中华人民共和国水污染防治法》《中华人民共和国噪声污染防治法》《中华人民共和国海洋环境保护法》《中华人民共和国放射性污染防治法》等法律对制定生态环境标准作出了规定。生态环境标准则根据制定、发布机关和适用范围的不同，分为国家生态环境标准、地方生态环境标准。

1）国家生态环境标准

由国务院生态环境主管部门制定的在全国范围内或者标准制定区域范围内执行的标准。生态环境部负责国家生态环境标准的制定、解释、监督和管理，国家生态环境标准适用于全国或特定区域的生态环境保护工作，针对全国或特定区域的一般环境问题，其要求会依据不同区域的经济水平、环境问题特征而有所区分，标准控制指标则是依据全国平均水平和要求确定的。

2）地方生态环境标准

由省级人民政府制定在该省、自治区、直辖市行政区域范围或标准制定区域范围执行的标准，地方生态环境标准是对国家生态环境标准的补充和完善。国家标准在生态环境管理方面起宏观指导作用，不能充分、全面地兼顾各地的环境状况和经济技术水平，各地可根据当地生态环境质量状况、技术经济发展程度，制定严于国家标准的地方标准。

（3）我国生态环境标准分类

随着我国经济社会和生态环境保护事业的发展，生态环境标准的地位和作用日益突出，生态环境标准的制修订工作也进入了快速发展阶段，已形成涵盖水、大气、土壤、固体废物、噪声和辐射等一系列生态环境保护领域较为完善的生态环境标准体系。我国生态环境标准根据其性质、内容和功能，分为生态环境质量标准、生态环境风险管控标准、污染物排放标准、生态环境监测标准、生态环境基础标准、生态环境管理技术规范六类。

1）生态环境质量标准

该类标准是以生态环境基准研究成果为依据，与经济社会发展和公众生态环境质量需求相适应，对环境中有害物质或因素的容许浓度所作的规定。生态环境质量标准是开展生态环境质量目标管理的技术依据。

根据标准级别的不同，生态环境质量标准分为国家生态环境质量标准和地方生态环境质量标准。从某种意义上讲，国家生态环境质量标准是生态环境质量的目标标准，是一定时期内衡量环境优劣程度的标准。省、自治区、直辖市人民政府对国家生态环境质量标准中未作规定的项目，可制定地方生态环境质量标准；对国家生态环境质量标准中已作规定的项目，可制定严于国家生态环境质量标准的地方生态环境质量标准，并报国务院生态环境主管部门备案。地方生态环境质量标准在本辖区内适用。地方生态环境质量标准是国家生态环境质量标准的补充和完善。

根据环境要素的不同，生态环境质量标准又可分为水环境质量标准、大气环境质量标准、声环境质量标准、海洋环境质量标准、核与辐射安全基本标准。水环境质量标准是对水中污染物或其他物质的最大容许浓度所作的规定，按水体类型可分为地表水环境质量标准、海水水质标准和地下水质量标准等，按水资源的用途可分为生活饮用水水质标准、渔业水质标准、农田灌溉水质标准、景观娱乐用水水质标准和各种工业用水水质标准等。大气环境质量标准是对大气中污染物或其他物质的最大容许浓度所作的规定。声环境质量标准规定了五类声环境功能区的环境噪声限值及测量方法，适用于声环境质量评价与管理。

2）生态环境风险管控标准

该类标准是为保护生态环境、保障公众健康、推进生态环境风险筛查与分类管理、维护生态环境安全，对生态环境中的有害物质和因素所作的规定。生态环境风险管控标准是开展生态环境风险管理的技术依据。

根据标准级别的不同，生态环境风险管控标准分为国家生态环境风险管控标准和地方生态环境风险管控标准。根据管控对象不同，包括土壤污染风险管控标准以及法律法规规定的其他环境风险管控标准。

3）污染物排放标准

该类标准是根据生态环境质量标准和经济技术条件，对排入环境中的污染物及其他有害因素所作的限制性规定。污染物排放标准是认定排污行为是否合法、排污者是否应承担相应法律责任的依据。

根据标准级别的不同，污染物排放标准可分为国家污染物排放标准和地方污染物排放标准。国家污染物排放标准是对全国范围内污染物排放控制的基本要求。地方污染物排放标准是地方为进一步改善当地生态环境和优化经济社会发展，对本行政区域提出的国家污染物排放标准补充规定或者更加严格的规定。国家污染物排放标准中未作规定的项目可以制定地方污染物排放标准；国家污染物排放标准已作规定的项目，可以制定严于国家污染物排放标准的地方污染物排放标准。

根据适用对象的不同，水和大气污染物排放标准分为行业型、综合型、通用型、流域（海域）或者区域型，行业型适用于特定行业或者产品污染源的排放控制，综合型适用于行业型污染物排放标准适用范围以外的其他行业污染源的排放控制，通用型适用于跨行业通用生产工艺、设备、操作过程或者特定污染物、特定排放方式的排放控制，流域（海域）或者区域型适用于特定流域（海域）或者区域范围内的污染源排放控制。

4）生态环境监测标准

该类标准是为监测生态环境质量和污染物排放情况，开展达标评定和风险筛查与管控，规范布点采样、分析测试、监测仪器、卫星遥感影像质量、量值传递、质量控制、数据处理等监测技术要求所作的统一规定。生态环境监测标准是为了配套支持生态环境质量标准、生态环境风险管控标准、污染物排放标准的制定和实施，以及优先控制化学品环境管理、国际履约等生态环境管理及监督执法需求制定的，是判断环境监测数据是否合法有效的依据，是确定环境纠纷中各方所出示证据和监测数据合法性的依据。

生态环境监测标准包括生态环境监测技术规范、生态环境监测分析方法标准、生态环境监测仪器及系统技术要求、生态环境标准样品等。

5）生态环境基础标准

该类标准是对生态环境标准制定和管理工作中需要统一的生态环境通用术语、图形符号、编码和代号（代码）及其相应的编制规则，以及生态环境标准制定技术导则等所作的统一规定。生态环境基础标准只有国家标准，主要包括生态环境标准制定技术导则，生态环境通用术语、图形符号、编码和代号（代码）及其相应的编制规则等。生态环境基础标准的制定目的是统一规范标准制定工作，避免各标准之间相互矛盾。

6）生态环境管理技术规范

该类标准是对各类生态环境保护管理工作作出的统一技术要求，主要包括大气、水、海洋、土壤、固体废物、化学品、核与辐射安全、声与振动、自然生态、应对气候变化等领域的管理技术指南、导则、规程、规范等。生态环境管理技术规范为推荐性标准，在相关领域生态环境管理中实施。

我国生态环境标准体系见图 1-1。

国家生态环境标准

- 生态环境基础标准
  - 生态环境标准制定技术导则
  - 生态环境通用术语、图形符号、编码、代号（代码）及其相应的编制规则等
- 生态环境监测标准
  - 生态环境监测分析方法标准
  - 生态环境监测仪器及系统技术要求
  - 生态环境标准样品
  - 生态环境监测技术规范
- 生态环境风险管控标准
  - 土壤污染风险管控标准
  - 其他环境风险管控标准
- 污染物排放标准
  - 大气污染物排放标准
  - 水污染物排放标准
  - 固体废物污染控制标准
  - 环境噪声排放控制标准
  - 放射性污染防治标准
- 生态环境管理技术规范
  - 大气、水、海洋、土壤、固体废物、化学品、核与辐射安全、声与振动、自然生态、应对气候变化等领域的管理技术指南、导则、规程、规范等
- 生态环境质量标准
  - 大气环境质量标准
  - 水环境质量标准
  - 声环境质量标准
  - 核与辐射安全基本标准
  - 海洋环境质量标准

地方生态环境标准

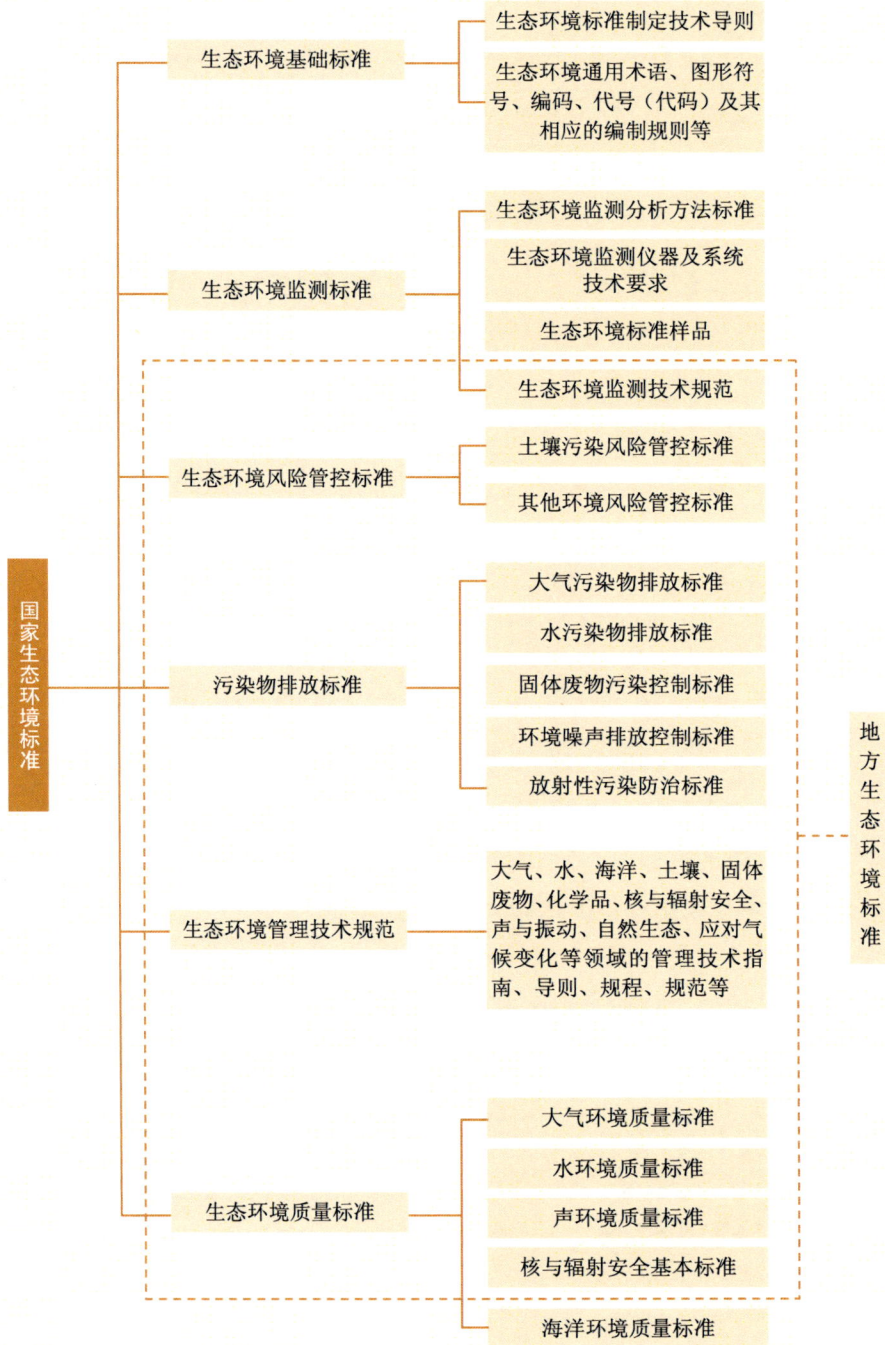

图 1-1　我国生态环境标准体系

1.3 我国农村生态环境政策标准体系

农村生态环境政策标准是指针对农村地区环境保护和可持续发展制定的政策措施和标准。在农村地区，生态环境问题通常涉及村庄环境、农田土壤质量、农村污水及农业面源造成的水体污染等方面。农村生态环境政策、标准制定的目标是保护或改善农村地区的生态环境，提高农村居民生活质量，促进农村可持续发展。

1.3.1 我国农村生态环境管理及政策发展历程

我国农村生态环境管理及政策经历了自然粗放发展、政策引导起步、局部治理探索、全面推动四个阶段。

（1）自然粗放发展阶段

从中华人民共和国成立到 20 世纪 70 年代后期，在提高农业生产水平、解决温饱的主基调下农村生态环境问题开始显现，但并没有得到重视。80—90 年代，随着乡镇经济的快速发展，农业生产生活污染和工业污染在农村地区集中暴发，农村生态环境管理问题开始得到广泛关注。1982 年中央"一号文件"明确提出我国必须坚持走农业生态环境保护的道路。1983 年召开的第二次全国环境保护会议将环境保护确定为我国基本国策，并要求城乡同步发展。1984 年国务院发布了《关于环境保护工作的决定》，首次提出"生态农业"的概念并针对乡镇企业的发展方向作出明确规定。1986 年，第六届全国人民代表大会第四次会议审议批准《中华人民共和国国民经济和社会发展第七个五年计划》，重申保护农村环境，并明确要求制止城市向农村转嫁污染。

（2）政策引导起步阶段

20 世纪 90 年代，我国社会经济进入快速发展阶段，在农业产业结构发生改变，农村居民生活水平日渐提高的同时，农村地区乡镇企业快速扩张，农村生态环境持续恶化，1998 年的中央"一号文件"，首次提出农业农村生态环境问题，并开始通过一系列政策文件引导，推动农村生态环境保护工作。1998 年 10 月，党的十五届三中全会审议通过了《中共中央关于农业和农村工作若干重大问题的决定》，明确加强农村生态环境保护工作是各级环保部门的重要工作之一。1999 年，《国家环境保护总局关于加强农村生态环境保护工作的若干意见》印发，2001 年，《国家环境保护"十五"计划》出台，对"十五"期间农业农村环境保护工作提出了新的目标，具体提出了农田灌溉水质、农村饮用水水质、全国秸秆综合利用率、规模化畜禽养殖场污水排放达标率等农村环保指标。

（3）局部治理探索阶段

这一阶段，我国经济发展进入了工业反哺农业阶段，我国农业农村也进入新的发展阶段，主要特征是"以工补农、以城带乡"，努力实现工业与农业、城市与农村的协调发展。2003 年，党的十六届三中全会提出科学发展观，强调"可持续的发展观"。中央提出"以人为本"的发展理念，我国政府从农业支持保护、农村社会保障、城乡协调发展角度对农村环境问题进行布局，农村环境政策的主要目标在于改善农村人居环境，提升农民生活质量。《国务院关于落实科学发展观　加强环境保护的决定》（国发〔2005〕39 号）、《关于推进社会主义新农村建设的若干意见》（中发〔2006〕1 号）及2006 年第六次全国环境保护大会均对农村环境保护工作提出明确要求。2007 年，《国务院办公厅转发环保总局等部门关于加强农村环境保护工作意见的通知》（国办发〔2007〕63 号）对农村环境保护工作作出详细要求。2007 年，国务院发布《关于开展生态补偿试点工作的指导意见》（环发〔2007〕130 号），要求落实"以奖促治"，加快用财政手段解决农村环境问题。2008 年，我国召开首届农村环保会议，提出综合统筹城乡环境保护和经济发展，把农村环保放到更为重要的战略地位。

（4）全面推动阶段

党的十八大提出"五位一体"总体布局，生态环境保护进入新征程。党的十九大明确提出乡村振兴战略，标志着农村生态环境保护开启全面推进阶段。党的二十大提出，统筹乡村基础设施和公共服务布局，提升环境基础设施建设水平，推进城乡人居环境整治，建设宜居宜业和美乡村。这一阶段我国农业农村环保政策密集出台，2015 年 3 月，国务院常务会议讨论通过了《全国农业可持续发展规划（2015—2030 年）》；2017 年，《全国农村环境综合整治"十三五"规划》出台，《水污染防治行动计划》（以下简称"水十条"）和《土壤污染防治行动计划》（以下简称"土十条"）陆续发布，强调了对农村污水处理、农用地土壤环境安全的要求，同年开始推进典型流域农业面源污染综合治理试点，打响了农业面源污染治理第一仗。2018 年，《乡村振兴战略规划（2018—2022 年）》出台，农村环境治理纳入国家战略；同年《农业农村污染治理攻坚战行动计划》《农村人居环境整治三年行动方案》相继印发，畜禽粪污资源化利用整县推进项目开展试点。2019 年，长江经济带农业面源污染治理全面开展；同年，《县域农村生活污水治理专项规划》出台，《农村黑臭水体治理工作指南（试行）》发布。2020 年，出台《全国重要生态系统保护和修复重大工程总体规划（2021—2035 年）》，启动开展全国重要生态系统保护和修复工作。我国农业农村生态环境问题不仅从政策方面得到了前所未有的重视，而且从资金方面得到了国家重点支持。

表 1-1 我国农村环境保护相关政策文件

序号	发布时间	发布部门	政策名称
1	2009 年 2 月	环境保护部、财政部、国家发展改革委	《关于实行"以奖促治"加快解决突出的农村环境问题的实施方案》
2	2010 年 9 月	住房和城乡建设部	《分地区农村生活污水处理技术指南》
3	2010 年 1 月	环境保护部	《农村生活污染控制技术规范》
4	2010 年 2 月	环境保护部	《农村生活污染防治技术政策》
5	2011 年 3 月	第十一届全国人民代表大会	《中华人民共和国国民经济和社会发展第十二个五年规划纲要》
6	2011 年 12 月	国务院	《国家环境保护"十二五"规划》
7	2012 年 6 月	环境保护部、财政部	《全国农村环境综合整治"十二五"规划》
8	2013 年 7 月	环境保护部	《村镇生活污染防治最佳可行技术指南（试行）》
9	2013 年 11 月	环境保护部	《农村生活污水处理项目建设与投资指南》
10	2014 年 5 月	国务院办公厅	《关于改善农村人居环境的指导意见》
11	2014 年 6 月	环境保护部	《农村环境质量综合评估技术指南（征求意见稿）》
12	2015 年 4 月	财政部、环境保护部	《关于推进水污染防治领域政府和社会资本合作的实施意见》
13	2015 年 4 月	国务院	《水污染防治行动计划》（"水十条"）
14	2015 年 11 月	住房和城乡建设部	《关于请做好农村生活污水治理示范县项目对接工作的函》
15	2016 年 10 月	环境保护部、农业部、住房和城乡建设部	《培育发展农业面源污染治理、农村污水垃圾处理市场主体方案》
16	2017 年 2 月	环境保护部、财政部	《全国农村环境综合整治"十三五"规划》
17	2017 年 7 月	环境保护部	《固定污染源排污许可分类管理名录（2017 年版）》
18	2017 年 7 月	农业部	《畜禽粪污资源化利用行动方案（2017—2020 年）》

序号	发布时间	发布部门	政策名称
19	2017 年 10 月	工业和信息化部	《关于加快推进环保装备制造业发展的指导意见》
20	2018 年 2 月	中共中央、国务院	《乡村振兴战略规划（2018—2022 年）》
21	2018 年 2 月	中共中央办公厅、国务院办公厅	《农村人居环境整治三年行动方案》
22	2018 年 2 月	国家发展改革委	《关于扎实推进农村人居环境整治行动的通知》
23	2018 年 6 月	国家发展改革委	《关于创新和完善促进绿色发展价格机制的意见》
24	2018 年 7 月	生态环境部	《生态环境部贯彻落实〈全国人民代表大会常务委员会关于全面加强生态环境保护依法推动打好污染防治攻坚战的决议〉实施方案》
25	2018 年 9 月	生态环境部办公厅、住房和城乡建设部办公厅	《关于加快制定地方农村生活污水处理排放标准的通知》
26	2018 年 9 月	住房和城乡建设部、生态环境部	《城市黑臭水体治理攻坚战实施方案》
27	2018 年 11 月	生态环境部、农业农村部	《农业农村污染治理攻坚战行动计划》
28	2018 年 12 月	中央农办、农业农村部等 18 部门	《农村人居环境整治村庄清洁行动方案》
29	2019 年 4 月	住房和城乡建设部、生态环境部、国家发展改革委	《关于印发城镇污水处理提质增效三年行动方案（2019—2021 年）的通知》
30	2019 年 4 月	生态环境部	《农村生活污水处理设施水污染物排放控制规范编制工作指南（试行）》
31	2019 年 7 月	生态环境部、水利部、农业农村部	《关于推进农村黑臭水体治理工作的指导意见》
32	2019 年 7 月	中央农办、农业农村部、生态环境部等 9 部门	《关于推进农村生活污水治理的指导意见》
33	2020 年 2 月	财政部办公厅	《污水处理和垃圾处理领域 PPP 项目合同示范文本》
34	2020 年 2 月	生态环境部办公厅	《关于加快推进农业农村生态环境重点工作的通知》
35	2020 年 6 月	生态环境部	《关于在疫情防控常态化前提下积极服务落实"六保"任务坚决打赢打好污染防治攻坚战的意见》
36	2019 年 11 月	生态环境部	《农村黑臭水体治理工作指南（试行）》

序号	发布时间	发布部门	政策名称
37	2021 年 1 月	中共中央、国务院	《关于全面推进乡村振兴加快农业农村现代化的意见》
38	2021 年 1 月	国家发展改革委等 10 部门	《关于推进污水资源化利用的指导意见》
39	2021 年 3 月	第十三届全国人民代表大会	《中华人民共和国国民经济和社会发展第十四个五年规划和 2035 年远景目标纲要》
40	2021 年 6 月	住房和城乡建设部、农业农村部、国家乡村振兴局	《关于加快农房和村庄建设现代化的指导意见》
41	2021 年 12 月	中共中央办公厅、国务院办公厅	《农村人居环境整治提升五年行动方案（2021—2025 年）》
42	2021 年 12 月	生态环境部等 7 部门	《"十四五"土壤、地下水和农村生态环境保护规划》
43	2022 年 1 月	生态环境部、农业农村部、住房和城乡建设部、水利部、国家乡村振兴局	《农业农村污染治理攻坚战行动方案（2021—2025 年）》
44	2022 年 12 月	国家发展改革委、住房和城乡建设部、生态环境部	《关于推进建制镇生活污水垃圾处理设施建设和管理的实施方案》

1.3.2　我国农村生态环境标准体系概况

标准化是实现科学管理的基础，以标准化推进农村人居环境整治是深化农村基层社会治理的重要途径。由于农村经济发展相对较慢、农村环境问题出现得晚、农村的环保工作起步较晚，对农村生态环境问题及标准制定工作重视不够，目前农村生态环境保护相关的标准较少（表 1-2）。

表 1-2　我国农村环境保护相关标准

序号	标准号	标准名称	发布年份	类别	类别
1	GB/T 32000—2015	美丽乡村建设指南	2015	国标	综合通用
2	GB/T 37072—2018	美丽乡村建设评价	2018	国标	综合通用
3	GB/T 43561—2023	乡村美丽庭院建设指南	2023	国标	综合通用
4	GB 19379—2012	农村户厕卫生规范	2012	国标	农村厕所
5	GB 7959—2012	粪便无害化卫生要求	2012	国标	农村厕所

序号	标准号	标准名称	发布年份	类别	类别
6	GB/T 38836—2020	农村三格式户厕建设技术规范	2020	国标	农村厕所
7	GB/T 38837—2020	农村三格式户厕运行维护规范	2020	国标	农村厕所
8	GB/T 38838—2020	农村集中下水道收集户厕建设技术规范	2020	国标	农村厕所
9	GB/T 38353—2019	农村公共厕所建设与管理规范	2019	国标	农村厕所
10	GB/T 43829—2024	农村粪污集中处理设施建设与管理规范	2024	国标	农村厕所
11	GB/T 36195—2018	畜禽粪便无害化处理技术规范	2018	国标	畜禽粪污
12	GB/T 37066—2018	农村生活垃圾处理导则	2018	国标	农村生活垃圾
13	HJ 574—2010	农村生活污染控制技术规范	2010	行标	农村生活垃圾
14	GB/T 37071—2018	农村生活污水处理导则	2018	国标	农村生活污水
15	GB/T 51347—2019	农村生活污水处理工程技术标准	2019	国标	农村生活污水
16	GB/T 40201—2021	农村生活污水处理设施运行效果评价技术要求	2021	国标	农村生活污水
17	NY/T 2597—2014	生活污水净化沼气池标准图集	2014	行标	农村生活污水
18	NY/T 2601—2014	生活污水净化沼气池施工规程	2014	行标	农村生活污水
19	NY/T 2602—2014	生活污水净化沼气池运行管理规程	2014	行标	农村生活污水
20	T/CCPITCUDC-003—2021	村庄生活污水处理设施运行维护技术规程	2021	团标	农村生活污水
21	T/CCPITBSC-002—2020	小型生活污水处理设备评估规范	2020	团标	农村生活污水
22	T/CCPITCUDC-001—2020	小型生活污水处理设备标准	2020	团标	农村生活污水
23	T/CAEPI 50—2022	农村生活污水处理设施建设技术指南	2022	团标	农村生活污水
24	T/CAEPI 51—2022	农村生活污水处理设施运行维护技术指南	2022	团标	农村生活污水
25	GB/T 38549—2020	农村（村庄）河道管理与维护规范	2020	国标	农村村容村貌
26	GB/T 9981—2012	农村住宅卫生规范	2012	国标	农村村容村貌
27	GB 18055—2012	村镇规划卫生规范	2012	国标	农村村容村貌

序号	标准号	标准名称	发布年份	类别	类别
28	NY/T 2093—2011	农村环保工	2011	行标	农村村容村貌
29	HJ 2031—2013	农村环境连片整治技术指南	2013	行标	农村村容村貌
30	LY/T 2645—2016	乡村绿化技术规程	2016	行标	农村村容村貌
31	LY/T 2646—2016	城乡结合部绿化技术指南	2016	行标	农村村容村貌
32	GB/T 41373—2022	农村环卫保洁服务规范	2022	国标	农村村容村貌
33	GB/T 42229—2022	农村可回收废弃物分类指南	2022	国标	农村村容村貌

　　从表 1-2 中可以看出，相对于水、大气等单一环境要素的治理，我国在农村生态环境治理领域起步较晚，农村生态环境标准的数量较少、分布不均衡、结构不科学，缺乏国家标准、行业标准、地方标准三级相互配套互补的结构布局，系统性不足、协调性不够、针对性不强。

2 河南省农村生态环境政策标准制定工作情况

2.1 法律依据及相关规定

2.1.1 法律依据

我国现行法律，包括《中华人民共和国标准化法》《中华人民共和国环境保护法》《中华人民共和国水污染防治法》《中华人民共和国乡村振兴促进法》等对农村生态环境保护工作、标准制定作出了明确要求，为农村生态环境政策及标准制定提供了法律依据。

（1）《中华人民共和国标准化法》（自 2018 年 1 月 1 日起施行）

第十条　对保障人身健康和生命财产安全、国家安全、生态环境安全以及满足经济社会管理基本需要的技术要求，应当制定强制性国家标准。

（2）《中华人民共和国环境保护法》（自 2015 年 1 月 1 日起施行）

第十五条　国务院环境保护主管部门制定国家环境质量标准。

省、自治区、直辖市人民政府对国家环境质量标准中未作规定的项目，可以制定地方环境质量标准；对国家环境质量标准中已作规定的项目，可以制定严于国家环境质量标准的地方环境质量标准。地方环境质量标准应当报国务院环境保护主管部门备案。

国家鼓励开展环境基准研究。

第十六条 国务院环境保护主管部门根据国家环境质量标准和国家经济、技术条件，制定国家污染物排放标准。

省、自治区、直辖市人民政府对国家污染物排放标准中未作规定的项目，可以制定地方污染物排放标准；对国家污染物排放标准中已作规定的项目，可以制定严于国家污染物排放标准的地方污染物排放标准。地方污染物排放标准应当报国务院环境保护主管部门备案。

第三十三条 各级人民政府应当加强对农业环境的保护，促进农业环境保护新技术的使用，加强对农业污染源的监测预警，统筹有关部门采取措施，防治土壤污染和土地沙化、盐渍化、贫瘠化、石漠化、地面沉降以及防治植被破坏、水土流失、水体富营养化、水源枯竭、种源灭绝等生态失调现象，推广植物病虫害的综合防治。

县级、乡级人民政府应当提高农村环境保护公共服务水平，推动农村环境综合整治。

第五十条 各级人民政府应当在财政预算中安排资金，支持农村饮用水水源地保护、生活污水和其他废弃物处理、畜禽养殖和屠宰污染防治、土壤污染防治和农村工矿污染治理等环境保护工作。

第五十一条 各级人民政府应当统筹城乡建设污水处理设施及配套管网，固体废物的收集、运输和处置等环境卫生设施，危险废物集中处置设施、场所以及其他环境保护公共设施，并保障其正常运行。

（3）《中华人民共和国水污染防治法》（2017年6月27日第二次修正）

第十条 排放水污染物，不得超过国家或者地方规定的水污染物排放标准和重点水污染物排放总量控制指标。

第十二条 国务院环境保护主管部门制定国家水环境质量标准。

省、自治区、直辖市人民政府可以对国家水环境质量标准中未作规定的项目，制定地方标准，并报国务院环境保护主管部门备案。

第十三条 国务院环境保护主管部门会同国务院水行政主管部门和有关省、自治区、直辖市人民政府，可以根据国家确定的重要江河、湖泊流域水体的使用功能以及有关地区的经济、技术条件，确定该重要江河、湖泊流域的省界水体适用的水环境质量标准，报国务院批准后施行。

第十四条 国务院环境保护主管部门根据国家水环境质量标准和国家经济、技术条件，制定国家水污染物排放标准。

省、自治区、直辖市人民政府对国家水污染物排放标准中未作规定的项目，可以制定地方水污染物排放标准；对国家水污染物排放标准中已作规定的项目，可以制定严于国家水污染物排放标准的地方水污染物排放标准。地方水污染物排放标准须报国务院环境保护主管部门备案。

向已有地方水污染物排放标准的水体排放污染物的，应当执行地方水污染物排放标准。

第十五条 国务院环境保护主管部门和省、自治区、直辖市人民政府，应当根据水污染防治的要求和国家或者地方的经济、技术条件，适时修订水环境质量标准和水污染物排放标准。

第五十二条 国家支持农村污水、垃圾处理设施的建设，推进农村污水、垃圾集中处理。

地方各级人民政府应当统筹规划建设农村污水、垃圾处理设施，并保障其正常运行。

（4）《中华人民共和国乡村振兴促进法》（自 2021 年 6 月 1 日起施行）

第三十七条 各级人民政府应当建立政府、村级组织、企业、农民等各方面参与的共建共管共享机制，综合整治农村水系，因地制宜推广卫生厕所和简便易行的垃圾分类，治理农村垃圾和污水，加强乡村无障碍设施建设，鼓励和支持使用清洁能源、可再生能源，持续改善农村人居环境。

2.1.2 相关规定

为加强和规范地方生态环境标准的制修订，生态环境部（原环境保护部）发布多项文件、标准，包括《关于加强地方环保标准工作的指导意见》（环发〔2014〕49 号）、《生态环境标准管理办法》（生态环境部令 2020 年第 17 号）等。关于农村生态环境标准和政策制定，2018 年中共中央办公厅、国务院办公厅印发的《农村人居环境整治三年行动方案》明确提出健全农村人居环境整治的治理标准和法治保障，2020 年多部门联合发布《关于推动农村人居环境标准体系建设的指导意见》（国市监标技〔2020〕207 号），指导农村人居环境标准建设，2021 年 3 月 11 日，十三届全国人大四次会议表决通过的《中华人民共和国国民经济和社会发展第十四个五年规划和 2035 年远景目标纲要》对乡村振兴提出明确的政策要求。

（1）《中华人民共和国国民经济和社会发展第十四个五年规划和 2035 年远景目标纲要》

2021 年 3 月 11 日，十三届全国人大四次会议表决通过的《中华人民共和国国民经济和社会发展第十四个五年规划和 2035 年远景目标纲要》，其中明确提出"强化乡村建设的规划引领""强化绿色发展的法律和政策保障。创新完善自然资源、污水垃圾处理、用水用能等领域价格形成机制。"

（2）《国家标准化发展纲要》（2021 年印发）

2021 年，中共中央、国务院印发了《国家标准化发展纲要》，为未来 15 年我国标准化发展设定了目标和蓝图。其中明确要求推进乡村振兴标准化建设。"完善乡村建设及评价标准，以农村环境监测与评价、村容村貌提升、农房建设、农村生活垃圾与污水治理、农村卫生厕所建设改造、公共基础设施建设等为重点，加快推进农村人居环境改善标准化工作。"

（3）《"十四五"推动高质量发展的国家标准体系建设规划》（国标委联〔2021〕36 号）

为指导国家标准的制定与实施，加快构建推动高质量发展的国家标准体系，助力高技术创新、促进高水平开放、引领高质量发展，国家标准化管理委员会等十部委联合印发了《"十四五"推动高质量发展的国家标准体系建设规划》，其中"建设重点领域国家标准体系"中要求：

农业农村绿色发展标准，围绕农村人居环境整治，加大农村环境监测与评价、农村道路、农村水电绿色改造、农村饮水安全、农村厕所建设和管护及厕所粪污治理等领域标准供给。深化美丽乡村等标准化试点示范，提高美丽乡村标准水平。

（4）《关于加强地方环保标准工作的指导意见》（环发〔2014〕49 号）

为进一步强化环保标准体系建设，增强节能减排和环境监管的科学依据，推动解决影响科学发展和损害群众健康的突出环境问题，2014 年 4 月，环境保护部印发《关于加强地方环保标准工作的指导意见》（环发〔2014〕49 号），对加强地方环保标准工作提出意见。文件明确要求，地方应：

①加快制修订地方环保标准步伐：制定地方环保标准发展规划或计划、明确制定地方环保标准的重点区域、依法制定地方环保标准。

②提升环保标准实施水平：准确把握各类环保标准作用定位、开展环保标准实施情况检查评估。

③加强环保标准宣传培训：持续开展环保标准培训、积极扩大环保标准宣传。

④强化环保标准工作保障：加大环保标准工作投入力度、理顺环保标准管理体制。

（5）《环境保护标准编制出版技术指南》（HJ 565—2010）

2010 年 2 月 22 日，环境保护部发布《环境保护标准编制出版技术指南》（HJ 565—2010），自 2010 年 5 月 1 日起实施。该标准"规定了国家环境保护标准的结构、编写排版规则，量、单位和符号使用的一般原则，以及标准出版的编排格式和字体和字号等"。该标准适用于国家环境保护标准的编制和出版工作。地方环境保护标准的编制和出版工作可参照该标准执行。

（6）《国家生态环境标准制修订工作规则》（国环规法规〔2020〕4 号）

2020 年 12 月 30 日，生态环境部发布《国家生态环境标准制修订工作规则》。该规则包括总则，标准制修订工作程序和各方主要责任，标准制修订项目计划，成立标准编制组和开题论证，编制征求意见稿和征求意见，编制送审稿和技术审查，编制报批稿和报批，标准的行政审查和批准、发布，标准归档、工作证书发放，标准的宣传、培训和附则共 11 章 61 条。

（7）《关于推动农村人居环境标准体系建设的指导意见》（国市监标技〔2020〕207 号）

2020 年，市场监督管理总局、生态环境部、住房和城乡建设部、水利部、农业农村部、国家卫生健康委、国家林业和草原局 7 部门联合印发《关于推动农村人居环境标准体系建设的指导意见》（国市监标技〔2020〕207 号），该指导意见根据当前农村人居环境发展现状和实际需求，明确了五大方面 3 个层级的农村人居环境标准体系框架（图 2-1），确定了标准体系建设、标准实施推广等重点任务，提出了运行机制、工作保障、技术支撑、标准化服务 4 个方面的保障措施，其中明确提出农村人居环境标准体系分为三个层级，第一层级包括综合通用、农村厕所、农村生活垃圾、农村生活污水、农村村容村貌标准子体系，第二层级由第一层级展开，包括 6 个综合通用要素、4 个农村厕所要素、4 个农村生活垃圾要素、3 个农村生活污水要素、5 个农村村容村貌要素，第三层级由第二层级展开，对相应标准要素做进一步细化分类。

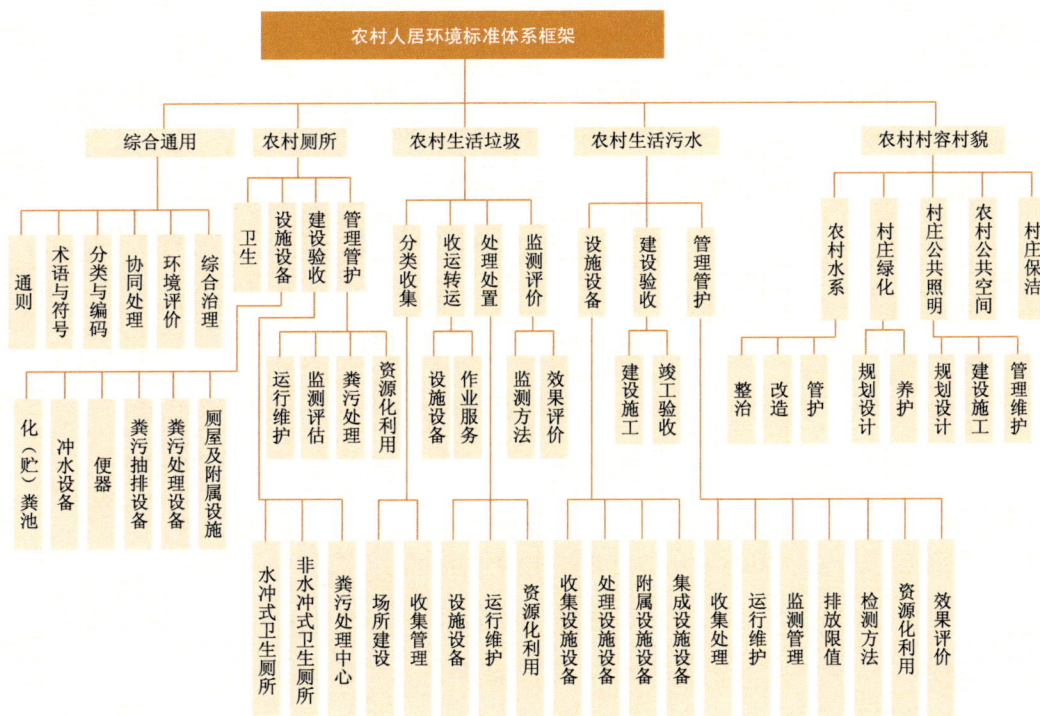

图 2-1　农村人居标准体系框架

（8）《农村人居环境整治提升五年行动方案（2021—2025 年）》

2021 年 12 月，中共中央办公厅、国务院办公厅印发了《农村人居环境整治提升五年行动方案（2021—2025 年）》，对农村人居环境整治提出了明确的工作原则、行动目标和重点任务及保障措施。其中明确提出"鼓励各地结合实际开展地方立法，健全村庄清洁、农村生活污水垃圾处理、农村卫生厕所管理等制度。加快建立农村人居环境相关领域设施设备、建设验收、运行管护、监测评估、管理服务等标准，抓紧制（修）订相关标准。大力宣传农村人居环境相关标准，提高全社会的标准化意识，增强政府部门、企业等依据标准开展工作的主动性。"

（9）《河南省标准化管理办法》（自 2021 年 3 月 1 日起施行）

2020 年 12 月，河南省人民政府第 111 次常务会议修订通过了《河南省标准化管理办法》。

第六条　省人民政府有关行政主管部门分工管理本部门、本行业标准化工作，并履行下列职责：

（一）开展标准化研究，提出标准化需求，制定本部门、本行业的标准化工作计划，推动标准化工作与本部门、本行业业务工作融合发展；

（二）负责本部门、本行业省地方标准的立项申请、组织起草、征求意见；

（三）指导和监督本部门、本行业的地方标准等标准的制定；

（四）组织本部门、本行业标准的宣传和实施，对标准实施进行监督检查；

（五）协助标准化行政主管部门管理本部门、本行业的标准化技术委员会；

（六）法律、法规、规章规定的其他职责。

第十条　为满足地方自然条件、风俗习惯等特殊技术要求，省人民政府标准化行政主管部门和设区的市人民政府标准化行政主管部门可以在农业、工业、服务业以及社会事业等领域制定地方标准。

（10）《关于全面实施标准化战略加快建设标准河南的意见》

2022 年 7 月，中共河南省委、河南省人民政府印发《关于全面实施标准化战略加快建设标准河南的意见》，其中明确提到"实施乡村振兴标准化强农工程。""推进农村人居环境标准化行动，加快农村改厕质量与管护、农村黑臭水体治理、农村生活污水整治、农村生活垃圾治理等标准制定，以标准化推动农村人居环境持续改善，促进美丽乡村建设。"

2.2　制定的必要性

地方农村生态环境政策及标准是对国家生态环境政策及标准的有益补充和完善，其制定具有如下必要性：

（1）推动乡村振兴，实现农业农村可持续发展的需要

乡村振兴战略是为实现农村地区全面发展和繁荣而提出的重要战略。农业是农村地区的主导产业，也是国家粮食安全的重要保障。农村生态环境是保障粮食安全及农村地区可持续发展的基础。然而，我国各地区经济发展水平不一，农村地区的发展水平更是参差不齐，难以制定全国统一实施的标准文件，国家的农村生态环境政策及标准是依据全国经济技术平均水平，部分农村生态环境政策甚至是以国内相对较好的治理水平作为引领，难以照顾到各地的生态环境特点和具体问题。而地方生态环境政策及标准能够更好地切合当地的区位特征、经济发展特点、环境容量和环境保护需要，有针对性地解决

区域性生态环境问题，从而实现粮食安全和环境保护的双赢。

（2）落实国家政策，建设美丽乡村的需要

建设美丽乡村是贯彻党的十八大精神，建设美丽中国，推进生态文明建设的需要。农业农村生态文明建设更是生态文明建设的重要内容。从地方实际出发，制定符合地方特点的农村生态环境政策及标准，有利于更好地实现农村地区生产、生活、生态整体推进，实现农业农村绿色发展，处理好统一标准和尊重差异的关系，更好地落实国家有关"美丽乡村"建设的各种政策。

（3）履行地方政府环保职能的需要

国家农村生态环境政策及标准侧重于方向把控，需要地方进一步细化落实。尤其是自国家实施"放管服"改革以来，国务院生态环境主管部门越来越倾向于制定宏观的政策和引领文件，将政策及标准的制定权更多地赋予地方生态环境管理部门，一方面避免全国"一刀切"，另一方面制定地方农村生态环境政策及标准是地方政府的重要职责之一。结合地方实际，通过制定科学、有效的地方农村生态环境政策及标准，可以提高地方政府治理能力和水平，增强政府在生态环境保护方面的权威性和影响力。

（4）完善政策标准体系的需要

制定地方农村生态环境政策及标准可以完善农村生态环境保护的政策标准体系，为农村地区的生态环境保护提供政策标准依据，规范参与农村环境治理的管理部门，相关单位、企业等的行为，确保农村生态环境保护工作的有效实施，促进农村地区生态环境保护，助力"美丽乡村"建设。

（5）引导社会参与共治的需要

制定地方农村生态环境政策及标准，也是尊重地方村民改善生态环境的意愿、提升村民生活质量的需求。同时通过制定地方政策标准，引导社会各界积极参与农村生态环境保护工作，形成政府、企业、农民和社会团体共同参与治理和保护的局面，充分发挥各方优势，形成合力，推动农村生态环境问题的解决。

2.3　河南省农村生态环境政策标准概况

河南省地跨四大流域，又是农业大省，肩负着粮食安全保障的重要任务，农村地区分布面广、地形地势复杂，水环境差异大，农村环保及农业面源污染防治工作任务重、起步晚，农村黑臭水体问题相对突出，给农村生态环境改善带来巨大压力。而改善农村人居环境，建设美丽宜居乡村，关系广大农民群众的生活品质，直接影响农民群众的幸福感和获得感。

近年来，河南省出台了不少关于农村人居环境治理的政策文件，既提出了总的要求，又明确了具体任务。目前，河南省农村生态环境政策文件主要涉及农村人居环境、农村生活污水、农村黑臭水体等方面，农村生态环境标准主要涉及农村环境连片整治、农村生活污水治理、农村生活垃圾治理、厕所粪污、农村黑臭水体等方面（表2-1、表2-2）。

表2-1 河南省农村生态环境保护相关政策文件

序号	发布时间	政策名称	重点内容
1	2010年3月	关于加大统筹城乡发展力度进一步夯实农业农村发展基础的实施意见	加强农村环境保护，建立完善农村环境保护以奖促治、以奖代补机制，创建407个省级生态村和82个省级生态乡（镇），完成5 000个村（镇）绿化工程，继续实施"绿色家园""清洁家园"行动。开展农村排水、河道疏浚等试点，搞好垃圾、污水处理，完成1 015个乡生活垃圾中转运输设施建设，逐步形成组保洁、村收集、乡运输、县处理的农村生活垃圾处理新机制。采取有效措施防止城市、工业污染向农村扩散。实施"千村整治示范工程"
2	2010年7月	关于加强农村环境保护工作的意见	深入开展农村生活污水、垃圾治理。加快农村污水和垃圾处理设施建设，因地制宜开展农村生活污水、垃圾污染治理，提高生活污水、垃圾无害化处理水平。产业基础较好的乡镇和移民新村、迁村并点的中心村、规模较大的村庄要建设污水集中处理设施；城镇周边村镇的生活污水要纳入城镇污水收集管网。大力实施农村环境综合整治，到2012年年底，建制镇和乡政府所在地要率先完成整治工作并实现达标验收
3	2011年5月	河南省农村环境连片综合整治实施方案	以行政村为基本单元，对连片村庄进行统一综合整治。将城镇周边村庄纳入城镇污水集中处理系统，建设生活污水收集管网；规模较大的村庄建设集中污水处理设施；居住分散的村庄建设小型人工湿地、无（微）动力处理设施、氧化塘等分散式污水处理设施。推行"户分类、村收集、乡镇转运、县（市）处理"的城乡生活垃圾一体化处理模式
4	2011年12月	河南省环境保护"十二五"规划	强化农村生活污染治理。因地制宜开展农村生活污水、垃圾污染治理，鼓励小城镇和规模较大的村庄建设集中式污水处理设施，城市周边村镇的污水纳入城市污水收集管网统一处理，居住分散、经济条件较差的村庄采取低成本、分散式方式处理生活污水。采用污水集中处理模式的农村生活污水处理率≥80%，采用污水分散处理模式的农村生活污水处理率≥60%

序号	发布时间	政策名称	重点内容
5	2012 年 2 月	河南省农村环境综合整治生活污水处理适用技术指南（试行）	对河南省农村环境综合整治中生活污水处理部分进行技术指导，明确了农村分类、河南省农村生活污水特征、农村生活污水处理的一般要求、农村生活污水处理流程、常用工艺技术介绍、推荐的处理技术模式
6	2012 年 5 月	河南省农村环境连片整治示范项目验收管理办法	进一步深化农村环保"以奖促治"政策，规范农村环境连片整治示范工作，强化专项资金使用和项目监督管理
7	2013 年 4 月	关于印发《全省农村环境综合整治项目环保设施运行情况摸底调查方案》的通知	通过调查摸底，弄清河南省 2008—2012 年已验收的农村环境综合整治项目中涉及的生活污水处理设施和生活垃圾收集处理设施运行管理情况，为出台设施运行管理规定和相关问题的处理意见提供依据
8	2015 年 12 月	河南省碧水工程行动计划	完善"以奖促治"政策，实施乡村清洁工程，开展河道清淤疏浚，统一综合整治连片村庄。优先治理乡镇政府所在地、美丽乡村试点、循环经济试点村、农村新型社区、迁村并点区域、土地综合整治区域、移民迁安村、交通枢纽和工矿企业周边、风景名胜区、南水北调中线水源地丹江口库区（河南辖区）汇水区及总干渠（河南段）两侧、省界周边等环境敏感流域、区域以及国家扶贫开发重点县的村庄，逐步在其他区域推进。到 2020 年，新增完成环境综合整治的建制村 8 000 个。推进县域农村生活污水处理设施统一规划、统一建设、统一管理，城镇周边地区积极推进城镇污水处理设施和服务向农村延伸。建设农村生活污水收集管网，规模较大的村庄建设集中污水处理设施；居住分散的村庄建设小型人工湿地、无（微）动力处理设施、氧化塘等分散式污水处理设施。优先推进南水北调水源地丹江口库区（河南辖区）汇水区及总干渠（河南段）沿线和水源保护区内的村庄生活污水治理。建立村庄生活污水治理设施长效管理机制
9	2017 年 1 月	关于下达"十三五"农村环境综合整治目标任务的通知	各省辖市、省直管县"十三五"农村环境综合整治目标任务分解

序号	发布时间	政策名称	重点内容
10	2017年6月	河南省"十三五"生态环境保护规划	完善"以奖促治"政策，持续推进"问题村"排查与治理，以南水北调中线等重要饮用水水源地周边村庄及环境问题突出的村庄为重点，结合扶贫开发和美丽乡村建设，推进新一轮农村环境连片整治，推动环境基础设施和服务向农村延伸。到2020年，新增完成环境综合整治建制村8 000个。研究建立农村环境基础设施长效运行机制，确保建成设施发挥环境效益
11	2018年4月	河南省农村人居环境整治三年行动实施方案	提出到2020年年底前：①经济条件较好的县（市、区）内、其他市（县）中心城区周边的村庄和饮用水水源保护区、风景名胜区、生态保护区（带）内的村庄（一类区域），基本实现农村生活垃圾收运处理体系全覆盖，基本完成农村户用厕所无害化改造，厕所粪污基本得到处理或资源化利用，村容村貌显著提升，管护长效机制基本建立。②基本具备条件的县（市、区）内的村庄（二类区域），人居环境质量较大提升，90%左右的村庄生活垃圾得到治理，无害化卫生厕所普及率达到85%左右，生活污水乱排乱放得到管控，村容村貌明显改善，管护长效机制初步建立。③经济欠发达县内和少数地处偏远、居住分散的村庄（三类区域），在优先保障村民基本生活条件的基础上，实现人居环境干净整洁的基本要求
12	2018年8月	2018年河南省农村生活污水治理工作实施方案	根据农村不同区位、环境敏感度、经济条件、村庄人口聚集程度、污水产生规模、环境管理要求等因素，因地制宜、科学选择符合本地实际的农村生活污水治理模式和工艺，防止生搬硬套，确保治理方式简便、适用、有效
13	2018年8月	河南省农村生活污水治理技术导则（试行）	规定了农村生活污水治理项目的工程设计、管网设计与建设投资、治理技术与建设投资、施工、验收资料管理、运维与管理等内容
14	2018年9月	河南省污染防治攻坚战三年行动计划（2018—2020年）	打好农业农村污染治理攻坚战。以建设美丽宜居村庄为导向，以农村垃圾、污水治理和村容村貌提升为主攻方向，持续开展农村人居环境整治行动，实现全省行政村整治全覆盖
15	2019年1月	河南省农村人居环境整治"三清一改"行动方案	将农村水环境治理纳入河（湖）长制管理，加强村外坑塘、河道治理，建设水美乡村，加强房前屋后塘沟治理，清淤疏浚，逐步消除农村黑臭水体

序号	发布时间	政策名称	重点内容
16	2019 年 4 月	河南省农业农村污染治理攻坚战实施方案	梯次推进农村生活污水治理,科学编制农村生活污水治理专项规划,合理选择污水处理模式和改厕模式,有序推进污水处理设施建设,建立长效运维机制
17	2018 年 7 月	河南省乡村振兴战略规划(2018—2022)	持续改善农村人居环境,突出重点,全力抓好农村垃圾、厕所、污水治理。以县级行政区域为单元,按照 "统一规划、统一建设、统一运行、统一管理"的原则,逐步推进农村生活污水处理工作。优先推进乡镇政府所在地、丹江口水库、南水北调中线工程总干渠两侧、城市县城和乡镇集中式饮用水水源保护区、河流两侧、交通干线沿线和省界周边乡镇的村庄生活污水治理,加快推进城镇污水管网和服务向周边村庄延伸覆盖,以房前屋后河塘沟渠为重点实施清淤疏浚,到 2022 年基本消除农村黑臭水体
18	2019 年 12 月	河南省农村环境综合整治村庄验收工作	全省纳入农村环境综合整治 "十三五"规划的村庄的完成情况、资金筹措和使用情况、长效运维机制建设情况
19	2019 年 12 月	河南省推进农村黑臭水体治理工作方案	以房前屋后河塘沟渠和群众反映强烈的黑臭水体为重点,狠抓污水、垃圾、厕所粪污、畜禽粪污、农业面源和内源治理。选择典型区域开展试点示范,以点带面推进全省治理工作深入开展;到 2025 年,形成一批可复制、可推广的农村黑臭水体治理模式,加快推进农村黑臭水体治理工作
20	2020 年 2 月	关于推进农村生活污水治理的实施意见	2025 年年底前,县域农村生活污水处理率进一步提高,县域农村生活污水治理设施运行维护和监督管理体系进一步完善。优先推进南水北调中线工程水源地及输水沿线、饮用水水源保护区周边的村庄开展生活污水治理,加快完善其污水收集管网,基本实现区域内生活污水全部处理,全省农村生活污水治理取得明显成效
21	2021 年 11 月	河南省农村生活污水处理设施运行维护管理办法(试行)	规定了河南省行政管辖范围内农村生活污水处理设施的运行维护要求、各部门职责分工、资金保障和监督考核等内容
22	2021 年 11 月	河南省农村生活污水处理设施运行维护技术指南(试行)	规定了农村生活污水处理设施运行维护过程中收集系统、处理系统应遵循的技术要求,以及监测管理、数据记录和档案管理、安全和应急管理等内容

序号	发布时间	政策名称	重点内容
23	2021年12月	河南省"十四五"生态环境保护和生态经济发展规划	深入推进农村环境综合整治。以饮用水水源地保护、农村生活污水、黑臭水体整治为重点,持续推进农村环境综合整治,到2025年,新增完成农村环境整治行政村6 000个。加强农村生活污水治理与改厕衔接,积极推进粪污无害化处理和资源化利用,以黄河流域、饮用水水源保护区、黑臭水体集中区域、乡镇政府所在地、中心村、城乡接合部、旅游风景区等七类地区的村庄为重点,因地制宜采用减量化、生态化、资源化的治理模式,科学推进农村生活污水治理,到2025年,农村生活污水治理率达到45%。有序开展黑臭水体整治,推动河长制、湖长制体系向村级延伸,探索建立农村黑臭水体整治长效管护机制,综合实施探源截污、清淤疏浚、生态修复、水系连通等工程,基本消除较大面积的农村黑臭水体
24	2021年12月	河南省集中式农村生活污水处理设施分类整治提升实施方案	按照中央生态环境保护督察反馈意见具体问题整改措施清单要求,各地须将现有台账中2019年后建成的有改造价值设施纳入优先改造范围,做到"整改一个、验收一个、销号一个",并建立健全设施运行管护长效机制,确保在2022年6月底前实现2019年后建成的农村生活污水处理设施正常运行率达90%以上。其他有改造价值设施应结合实际,分批次高质量完成改造工作。对于污水收集率偏低的设施,要完善入户管建设,打通污水收集"最后一米"。有条件的地区要积极推进雨污分流改造;暂未具备条件的地区,要加快建设污水截留设施,防止生产生活垃圾、雨水、景观水等进入收集系统
25	2022年2月	河南省"十四五"土壤、地下水和农村生态环境保护规划	统筹规划实施农村生活污水治理。优先治理水源保护区、黑臭水体集中区域、乡镇政府所在地、中心村、城乡接合部、旅游风景区、黄河流域村庄生活污水。2025年,全省农村生活污水治理率达到45%左右,地处偏远、经济欠发达地区农村生活污水治理水平有效提升。制定出台农村生活污水处理设施运行管护办法,探索建立财政补贴、村集体自筹、村民适当缴费的运维资金分担机制。推动城镇污水处理设施和运维服务向农村延伸,统筹考虑设施建设与运行维护,鼓励城乡一体化建设运维。以消除农村黑臭水体为目标,统筹开展农村水系综合治理和美丽乡村建设工作,有序推进水系连通和水美乡村建设试点县建设,到2025年年底,基本消除较大面积农村黑臭水体
26	2022年5月	河南省农村生活污水治理规划(2021—2025年)	到2025年,全省农村生活污水治理率达到45%,基本消除较大面积农村黑臭水体。以乡镇政府驻地村庄、南水北调总干渠沿线和黄河干支流沿线村庄为重点,辐射带动周边村庄,构建"一纵一横、多点支撑"的"点、线、面"协同推进治理格局

表 2-2　河南省农村生态环境保护相关标准

序号	标准号	标准名称	状态	批准日期
1	DB 41/1820—2019	农村生活污水处理设施水污染物排放标准	现行	2019 年 6 月 6 日
2	DB 4116/T 029—2022	农村有机废弃物堆沤肥料化利用技术规程	现行	2022 年 9 月 21 日
3	DB 4105/T 211—2023	农村生活垃圾分类处理技术规程	现行	2023 年 6 月 26 日
4	DB 41/T 60002—2023	农村黑臭水体治理技术规范	现行	2023 年 9 月 15 日
5	DB 41/T 2574—2023	农村草粉生态式户厕运行维护规范	现行	2023 年 12 月 15 日
6	DB 41/T 2573—2023	农村草粉生态式户厕建设技术规范	现行	2023 年 12 月 15 日
7	DB 41/T 2601—2024	农村水系综合治理设计导则	现行	2024 年 2 月 1 日

从表 2-1、表 2-2 中可以看出，相较于国家的政策和标准文件，河南省的农村生态环境政策文件主要是围绕国家的政策制定本级政策要求或实施方案，而农村生态环境标准的数量、类型均较少，尚未形成完整的、系统的体系和结构。

2.4　制定工作过程及主要工作内容

2.4.1　政策制定

河南省农村生态环境政策的制定工作大体分为前期调研、立项和研究制定三个阶段。前期调研阶段主要是对照国家相关政策及河南省农村环境问题，进行资料和现场调研，解决政策制定必要性问题；立项阶段主要是研究政策的主要内容，确定政策制定工作方案，征求有关部门的意见，解决政策制定可行性问题；研究制定阶段主要是围绕立项阶段的政策制定工作方案，开展深入的调研、资料分析，起草制定政策文件的具体内容，同时广泛征求相关单位的意见，解决政策制定的科学性和可操作性问题。

2.4.2　标准制定

河南省农村生态环境标准的制定工作大体分为前期调研、开题和研究制定三个阶段，三个阶段前后接续、相辅相成。

（1）前期调研阶段

通过资料文献调查和现场调研，分析整理提出调研结论，解决标准制定的必要性和可行性问题，这是标准制定任务提出的重要依据。

（2）开题阶段

标准的开题阶段主要是解决做什么、怎么做的问题，需要研究提出标准的主要内容、下一步标准制定的工作方案，主要工作内容包括：

①标准的控制对象与适用范围，排放标准包括污染源类别、污染物控制项目等，技术规范包括关键的技术环节等；②农村生活污水或农村黑臭水体的污染情况及治理现状，国家有关的生态环境保护政策、法律、法规、规划；③农村生活污水、黑臭水体的污染控制技术分析；④国内外相关标准情况；⑤拟采用的原则、方法和技术路线；⑥拟开展的主要工作及拟提交的工作成果；⑦需要讨论的重大问题；⑧项目承担单位与标准制修订相关的工作基础条件，协作单位与任务分工；⑨经费使用方案及人员投入情况，时间进度安排；⑩标准草案。

（3）研究制定阶段

研究制定阶段是按照开题阶段拟定的工作方案实施标准制定工作的过程，主要解决文件如何做好的问题，工作内容包括：

①河南省农村生活污水排放、治理情况、设施运行维护情况及农村黑臭水体的水质现状、主要污染源情况的深入调查；②河南省农村生活污水及黑臭水体的现状治理技术及存在问题的深入分析；③国内外相关标准情况；④标准制定的总体方案，包括标准制定的目的、定位、基本原则和技术路线等；⑤标准的主要技术内容，包括标准适用范围确定、标准框架确定、排放标准的污染物控制项目及标准限值确定、技术规范标准的技术环节及各环节的技术要求等内容研究；⑥与国内外同类标准或技术法规的对比和分析；⑦实施标准的经济、技术、管理措施的可行性分析；⑧实施标准的管理措施、技术措施、实施方案建议；⑨标准征求意见工作情况及对意见的处理情况；⑩标准各阶段技术审查及修改工作。

2.5 需解决的关键问题

在地方政策及标准研究制定工作中，文件类型不同，需要有不同的工作思路、方法和技术路线，以使文件具有实用性和可操作性。

2.5.1　农村污水治理规划

与排放标准、管理办法、技术指南等政策及标准文件相比，规划是农村污水治理的第一步，关系着规划期内农村污水治理工作如何开展、开展哪些内容、开展到什么程度、规划的目标、如何实现目标等，是农村污水治理从探索治理到全面治理的重大转变。制定规划要保障规划与上位规划的衔接性，与地方农村经济社会发展水平、生态环境管理需求相适应，同时结合国家整体的目标要求，确定地方规划目标，规划目标确定以农村生态环境得到改善为核心，重规划而不唯规划；制定规划是为了促进农村污水的科学治理，规划如何落地则是规划制定任务的重中之重。在制定农村污水治理规划的过程中，还需要提出与规划目标相配套的重点内容、重点工程及相应的保障措施等内容，来确保规划目标的完成。

2.5.2　排放标准

制定排放标准的目的是污染减排，但也不是越严越好，必须考虑环境允许、技术可达、经济可行，要结合农村的水环境形势和环境容量要求，深入了解农村污水整体特征，找出存在的问题，全面考察分析农村污水治理模式、污染治理技术、产排污情况，合理提出标准控制水平。通过标准促进农村污水采用科学合理的治理模式、提高资源化利用水平、提升污水治理设施运行效率、促进污染减排。

2.5.3　技术指南及技术规范

技术指南及技术规范不同于规划的指导性，也没有排放标准的强制性，主要是针对农村污染治理方面存在的现有问题，解决治理的技术规范性的问题。既要避免笼统的过度管控，也要给出科学合理的技术方向的指导，同时要考虑农村环境的复杂性、城镇发展的不确定性，给农村污染治理技术留出探索的空间。

3

河南省农村环境概况

3.1 自然环境

3.1.1 地理位置

河南省地处黄河中下游，因大部分地区在黄河以南，故称河南。远古时期，黄河中下游地区河流纵横、森林茂密、野象众多，河南又被形象地描述为人牵象之地，这就是象形字"豫"的来源，也是河南简称"豫"的由来。《尚书·禹贡》将天下分为"九州"，现今河南大部分地区属豫州，位于九州之中，故又有"中原""中州"之称。河南省界于东经 110°21′~116°39′、北纬 31°23′~36°22′之间，东接安徽、山东，北界河北、山西，西连陕西，南临湖北，东西横跨约 580 km，南北纵跨 530 km，总面积 16.7 万 km²，约占全国国土面积的 1.73%。

3.1.2 地形地貌

河南省地貌一级区划分为豫西、南部山地丘陵盆地区和豫东平原区，总体特征为西部山区，东部平原，地势自西向东由中山、低山、丘陵过渡到平原，呈阶梯状下降。中山一般海拔 1 000 m 以上，高者超过 2 000 m；低山 500~1 000 m；丘陵低于 500 m；平原地区海拔大部分在 200 m 以下。河南省山脉集中分布在豫西北、豫西和豫南地区，北有太行山，南有桐柏山、大别山，西有伏牛山，中部、东部和北部由黄河、淮河、海河冲积形成黄淮海平原。西南部南阳盆地是河南省规模最大的山间盆地，面积约 2.6 万 km²。按地形划分，山区面积约 4.44 万 km²、丘陵面积约 2.96 万 km²、平原面积约 9.30 万 km²，分别占土地总面积的 26.59%、17.72% 和 55.69%。

3.1.3 气象气候

河南省处于暖温带和亚热带气候过渡地区，气候具有明显的过渡性特征。我国暖温带和亚热带的地理分界线——秦岭至淮河线正好贯穿境内的伏牛山脊和淮河沿岸，此线以南的信阳、南阳及驻马店部分地区属于亚热带湿润、半湿润季风气候区，以北属于暖温带干旱、半干旱季风气候区。四季分明，冬季寒冷雨雪少，春季干旱风沙多，夏季炎热雨集中，秋季晴和日照长，南北气候差异明显，年际变化较大。受季风影响，灾害性天气如干旱、干热风、大风、暴雨、冰雹等较为频繁。全省年平均气温 12.8～15.5℃。7 月气温最高，月平均气温 27～28℃；1 月最低，月平均气温 −2～2℃。全年无霜期为 190～230 天。

省内降水量年际变化较大，时空分布不均。全省年均降水量在 600～1 200 mm，南部达 1 000～1 200 mm，黄淮之间为 700～900 mm，北部及西部仅 600～700 mm。

3.1.4 水文水资源

河南省地跨长江、淮河、黄河、海河四大流域，其中淮河流域面积 8.83 万 km²，占全省总面积的 52.8%；黄河流域面积 3.62 万 km²，占全省总面积的 21.7%；海河流域面积 1.53 万 km²，占全省总面积的 9.2%；长江流域面积 2.72 万 km²，占全省总面积的 16.3%。河南省河流众多，大小河流 1 500 多条，河川年径流量 303.99 亿 m³。流域面积在 100 km² 以上的干支流河道共 491 条，总长 25 453 km，其中流域面积在 5 000～10 000 km² 的河流 7 条，包括淮干、洪河、沙河、卫河、洛河、白河、丹江；1 000～5 000 km² 的河流 9 条，包括史灌河、汝河、北汝河、颍河、贾鲁河、金堤河、共产主义渠、伊河、唐河；100～1 000 km² 的河流 432 条。

河南水资源缺乏且分布不均，水资源总量居全国第 19 位，地表径流量居全国第 21 位，人均占有量不到全国的 1/6；水资源年际变化丰枯不均，年内分配 60%～80% 集中在汛期。多年平均地表水资源量为 312.8 亿 m³，其中淮河流域 178.5 亿 m³、黄河流域 47.4 亿 m³、海河流域 20 亿 m³、长江流域 66.9 亿 m³。入过境水量近 475 亿 m³，相当于全省地表水资源总量的 1.5 倍。

河南省是水资源严重短缺地区，人均水资源量仅为全国平均水平的 1/6。随着经济社会的快速发展，水资源短缺的问题日益突出。

3.2 社会经济

3.2.1 人口概况

根据《河南省统计年鉴 2022》，河南省常住人口共 9 883 万人，全省共有家庭户 3 365 万户，户籍人口 11 533 万人。其中，城镇常住人口为 5 579 万人，农村常住人口为 4 304 万人。

各省辖市农村常住人口、城镇常住人口分布情况见图 3-1。

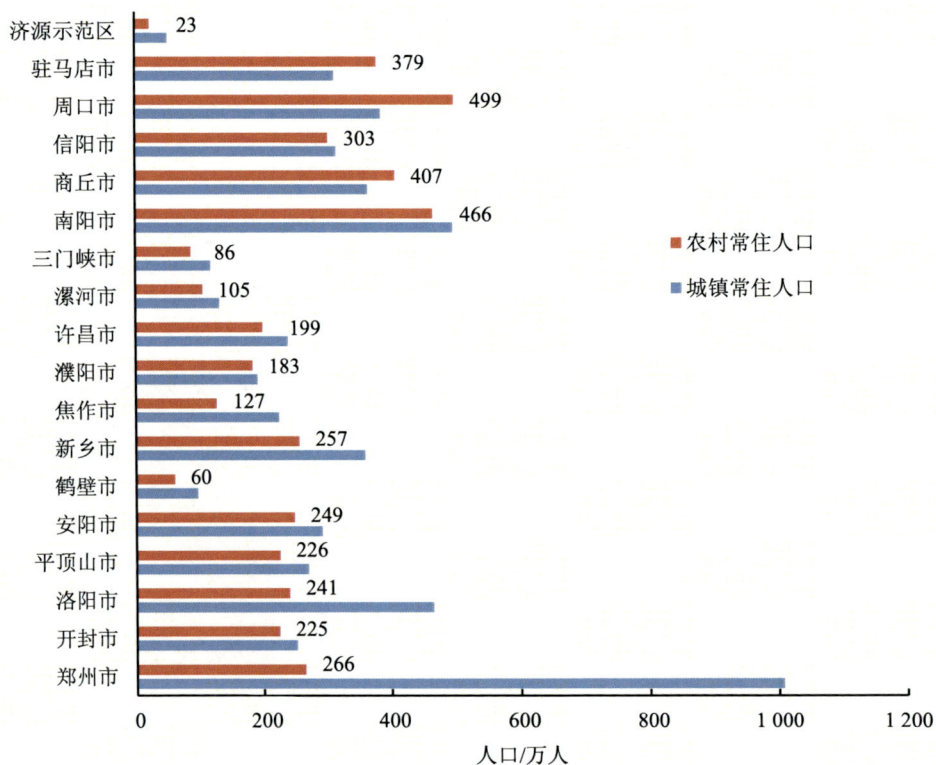

图 3-1　各省辖市农村、城镇人口分布对比

3.2.2 经济概况

2022 年，河南省地区生产总值 61 345.05 亿元，比 2021 年增长 3.1%。其中，第一产业 5 817.78 亿元，增长 4.8%；第二产业 25 465.04 亿元，增长 4.1%；第三产业 30 062.23 亿元，增长 2.0%。三次产业结构为 9.5：41.5：49.0，全年人均地区生产总值 62 106 元，增长 3.5%。2022 年河南省各省辖市经济概况见图 3-2。

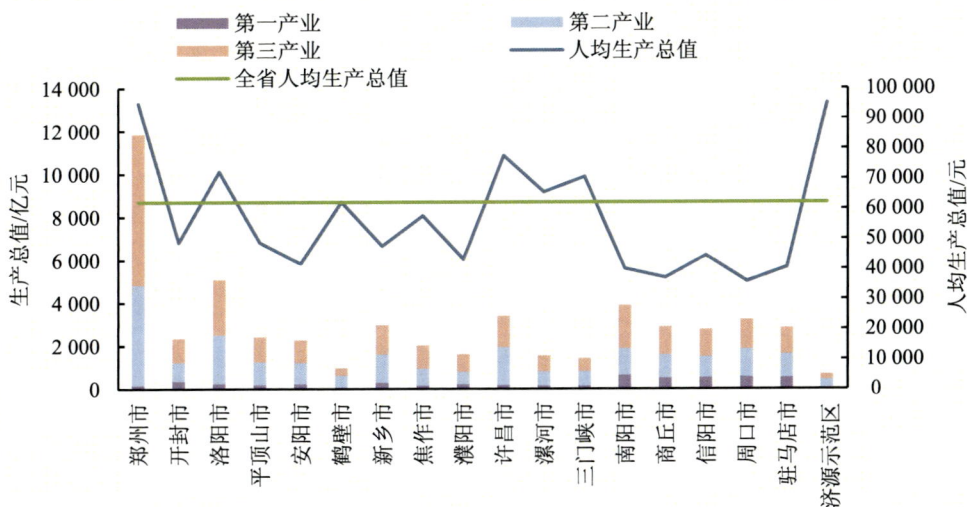

图 3-2　2022 年河南省各省辖市生产总值统计图

3.2.3 农村状况

河南省是农业大省和人口大省，河南省乡村人口基数大、占比高，农村经济发展程度在全国平均水平以下。2022 年的统计数据显示，全省共有 1 788 个乡镇（其中建制镇 1 197 个、乡 591 个）和 45 653 个行政村，农村人口 4 304 万人，占全省人口总数（9 883 万人）的 43.5%，明显高于全国平均水平（36.11%）。

2022 年，全国农村居民人均可支配收入 20 133 元，河南省农村居民人均可支配收入 18 697 元，明显低于全国平均水平；全国农村居民人均消费支出 16 632 元，河南省农村居民人均消费支出 14 824 元，明显低于全国平均水平。根据《河南省统计年鉴 2022》，各省辖市农村居民家庭人均可支配收入和支出见图 3-3。

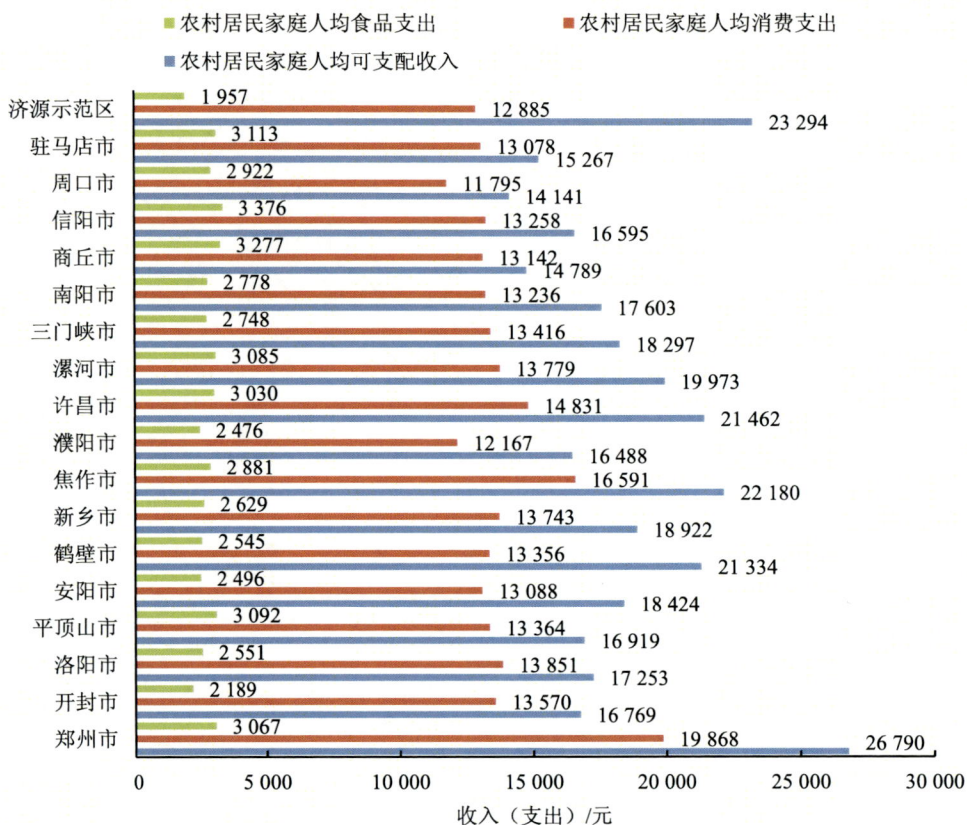

图 3-3　河南省各省辖市农村居民家庭人均可支配收入和支出统计图

3.3　农村生活污水

3.3.1　农村生活污水的定义

农村居民生活中产生的污水，主要包括冲厕、炊事、洗涤、洗浴等产生的污水，不包括工业废水和畜禽养殖废水。

3.3.2　农村生活污水水质水量特征

农村生活污水不同于城镇生活污水，城镇生活污水大多由城市排水管网汇集并输送到城镇污水处理厂进行处理，具有量大、集中等特点。而农村生活污水一般没有统一的污水排放口，排放比较分散。很多农村尚无完善的排水系统，雨水和污水均沿道路边沟或路面排至就近水体。有排水系统或管道的地区，除小部分经济条件较好的农村实行雨污分流制排水系统外，大部分地区采用的是合流制排水系统，甚至没有排水系统。因此，河南省农村生活污水的水质、水量、排水方式有一定的特殊性。

（1）污水量小且分散

河南省村庄数量多、分布广，部分地区村庄规模小、散乱且地形复杂、地域特征明显，总体来看，以村户为单元的污水收集排放呈现出水量小且分散的特点，造成农村生活污水不易收集处理。

（2）水质水量变化大

由于农村居民生活规律相近，农村污水的排放一般在上午、中午、下午各有一个高峰时段，夜间排水量小，甚至可能断流，即污水排放呈不连续状态。一般农村生活污水量都比较小，污水排放不均匀，水量变化明显，瞬时变化较大，日变化系数一般在3.0～5.0，在某些变化较大的情形下甚至可能达到10.0及以上。此外河南省农村外出务工人数多，节假日和农忙季节排放量显著增加，且不同地区的农村生活污水水质差异大。

（3）总量大且逐年增加

农村人口总数占河南省人口总数近一半，农村污水的排放总量巨大，随着农村的进一步发展和农村居民生活水平的提高以及农民生活方式逐步城市化，农村生活污水的排放量不断增加。

（4）污染物以有机物和氮、磷为主

农村生活污水水质因来源不同而差异较大，农村生活污水中基本不含重金属和有毒有害物质，而有机物和氮、磷浓度较高，一般可生化性较好。

为进一步掌握河南省农村生活污水水质特点，选取河南省东部、南部、西部、北部和中部不同地域、不同地形的农村生活污水进行水质分析，于2018年11—12月对信阳市平桥区、郑州市中牟县、漯河市临颖县、郑州市登封市、开封市兰考县、安阳市汤阴县等多个村庄的生活污水进行取样监测，并收集前期调研数据进行分析（表3-1）。

由表3-1可以看出，不同区域农村生活污水水质差别较大，部分污水C/N比低，不利于生物脱氮。当农村生活污水混有工业废水或生产废水时，其污染程度增加，处理难度增大。

表 3-1　河南省部分地区农村生活污水水质抽样分析结果

单位：mg/L（pH 除外）

采样地点	化学需氧量	固体悬浮物	氨氮	总氮	总磷	动植物油类	阴离子表面活性剂	pH
信阳市平桥区 A 设施	76.2	—	43.4	—	5.83	—	—	—
信阳市平桥区 B 设施	241	—	106.8	—	2.38	—	—	—
郑州中牟县 C 设施	138	88	63.1	69.2	4.36	1.65	4.73	6.87
漯河市临颍县 D 设施（豆腐加工）	15 160	80	61.4	695	78.0	27.8	26.7	4.26
郑州市登封市 E 设施	244	153	197	255	16.1	5.58	6.62	7.06
郑州市登封市 F 设施	327	23	76.2	89.2	5.16	6.86	2.77	6.65
开封市兰考县 G 设施	68	13	26.2	36.4	1.86	1.52	9.32	6.90
安阳市汤阴县 H 设施	223	35	98.4	118	7.56	8.76	7.99	7.35
平顶山市叶县 I 设施	470	—	45.0	—	6.8	—	—	—
漯河市召陵区 J 设施	150	—	28.5	—	5.0	—	—	—
许昌市禹州市 K 设施	220	—	13.5	—	5.2	—	—	—
许昌市建安区 L 设施	320	—	36.0	—	1.3	—	—	—
郑州市新密市 M 设施	280	—	18.9	—	4.0	—	—	—
郑州市中牟县 N 设施	250	—	38.0	—	4.6	—	—	—
周口市扶沟县 O 设施	660	—	30.0	—	4.8	—	—	—

3.3.3　农村生活污水的治理现状

按照人均日用水量 30 L 计算，河南省农村地区每天产生污水量约 130 万 t，每年可产生污水量约 4.7 亿 t。

河南省农村生活污水治理（管控）率由 2018 年年底的 17.9%提升到 2023 年年底的 41.7%，与全国平均治理率基本持平，位于全国中游、中西部前列水平。河南省目前现有农村集中式污水处理设施主要采用的治理技术模式包括纳管处理模式、资源化利用模式、集中治理模式、分散治理模式、集中+分散治理模式。

根据 2018 年调查问卷统计分析，共收集到 1 028 个农村生活污水处理设施处理工艺技术，其中人工湿地 97 个、氧化塘 53 个、一体化微动力装置 41 个、厌氧+人工湿地 77 个、A/O 工艺 117 个、A/O+人工湿地 49 个、A/O+接触氧化 79 个、A^2/O 工艺 59 个、A^2/O+人工湿地 50 个、MBR 工艺 139 个、生物转盘工艺 38 个、氧化沟工艺 19 个、生化+深度处理 118 个、其他处理技术 92 个，从中可以看出，河南省农村生活污水处理技术以（厌氧+）人工湿地、A/O（+人工湿地/接触氧化/深度处理）、A^2/O（+人工湿地）、MBR 工艺、氧化塘和一体化微动力装置为主，占比约为 85.5%。

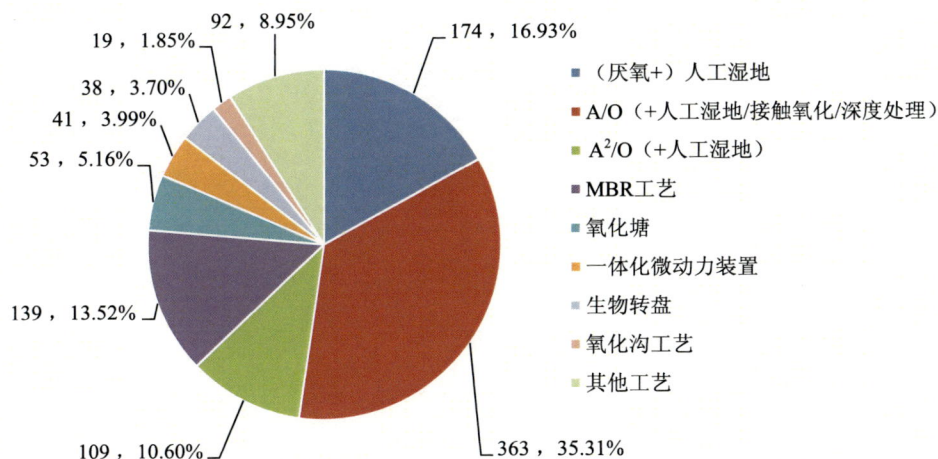

图 3-4　河南省农村生活污水处理设施处理技术工艺情况

处理技术的选择主要依据排放标准，执行排放标准的多元化、处理技术多种多样，造成农村生活污水处理技术选择困难。参照城市污水处理设施标准选择处理技术导致成本过高、运维费用难以承受而无法正常运行。根据相关统计数据，河南全省的集中式农村生活污水处理设施部分不能稳定达标运行。除缺少运维资金、设计建设验收不合理等原因外，管理不规范、污水处理工艺复杂、运维专业技术薄弱等也是导致设施"晒太阳"的主要因素。

3.3.4　现状特征及治理存在的问题

（1）管网覆盖不足，设施稳定运行率不高

在河南省农村地区生活污水分散、总量大，受自然条件和经济发展水平及农村地区居民生活习惯的影响，收集管网不完善、管网覆盖率较低，沟渠和边沟未能建设防渗措施等，且农村生活污水水量不稳定，节假日排放量显著增加，昼夜变化大，早晨和傍晚排水量大，夜间排水量小，污水排放呈不连续状态，导致河南省农村生活污水收集困难，绝大多数农村生活污水处理设施实际处理规模小于甚至远小于设计规模，影响处理设施运行效率。

（2）重建设轻运维，难以稳定达标

处理设施建设是基础，运行维护才是农村生活污水处理的关键所在。由于农村生活污水处理设施建设资金来源不同，建设主体不同，主管部门不同，设施运行维护主管部门、运行维护主体不同，建设与运维之间权责错综复杂，导致设施权责不清。在处理设施建设完成后对于后期的运行维护工作不重视，导致处理设施不能稳定达标运行，影响农村生活污水处理效率。

（3）缺乏运维资金，运维专业技术力量薄弱

虽然河南省在农村生活污水治理方面正在不断加大投资力度，但由于农村数量多、分布广、人口众多，目前资金投入力度仍然偏小，且资金来源以政府财政为主，设施建设完成后，当地政府未将设施运维费用纳入财政预算。目前农村生活污水处理设施专业技术人员严重缺乏，运维人员多为乡镇工作人员或者聘用附近村庄居民，对污水处理知识知之甚少，污水处理设施不能有效运维，设施运维效果较差。

（4）监控管理不规范、缺少运维相关规范

在实际调研过程中发现农村生活污水处理设施自动化程度低，加上缺少专业管理人员，造成运行和监控管理不规范，缺少对污水处理设施出水水质的有效监测，无法判断是否达到设计或者当地生态环境部门要求的标准就排入水体。全省农村生活污水处理设施运行维护缺少标准、规范等文件以科学、规范、合理地指导各地开展工作，从而导致运行维护工作开展较为困难。

（5）群众参与度低

政府部门关于农村生活污水治理方面的政策和法规宣传推广不到位，没有充分考虑

当地老百姓的实际需求，没有主动引导老百姓参与到农村污水治理工作中，导致在开展污水治理工作时工程建设存在盲目性。

3.4 农村黑臭水体

3.4.1 农村黑臭水体的定义

黑臭水体，顾名思义即又黑又臭的水体，水体受到巨量污染后，无法通过自净能力进行净化，从而产生水体发黑发臭的极端现象。对黑臭水体的确定多以溶解氧（DO）、臭味、透明度（SD）和色度 4 个指标进行水体质量考量，任何一项不达标即为黑臭水体。2015 年《城市黑臭水体整治工作指南》将城市黑臭水体定义为"城市建成区内，呈现令人不悦的颜色和（或）散发令人不适气味的水体"的统称，其中对城市黑臭水体污染程度以透明度、溶解氧、氧化还原电位、氨氮 4 项指标进行分级。

2019 年《农村黑臭水体治理工作指南（试行）》将农村黑臭水体定义为"各县（市、区）行政村（社区等）范围内颜色明显异常或散发浓烈（难闻）气味的水体"，其中识别范围明确为"行政村内居民主要集聚区适当向外延伸，南方为 200～500 m，北方为 500～1 000 m，以及村民反映强烈的黑臭水体"，识别方法包括感官特征、公众评议、水质监测 3 种，其中水质监测包含透明度、溶解氧和氨氮 3 项指标，未设置分级标准。

3.4.2 河南省农村黑臭水体现状

（1）区域分布

根据河南省农村黑臭水体排查工作建立的管理台账，截至 2023 年年底，全省共有 1 296 个农村黑臭水体列入国家和省管控清单，黑臭水体总面积为 4 249 934.83 m^2。其中黑臭水体数量最多、面积最大的是周口市，分别占全省的 41.3%、56.88%；其次是漯河市，分别占全省的 26.9%、11.10%，第三为郑州市，分别占全省的 7.8%、9.86%，第四是平顶山，分别占全省的 5.1%、6.03%，4 个市总数量、总面积分别占全省的 81.1%、83.9%，占比最少的为三门峡市。全省 18 个地级市农村黑臭水体面积及数量占比情况见图 3-5。

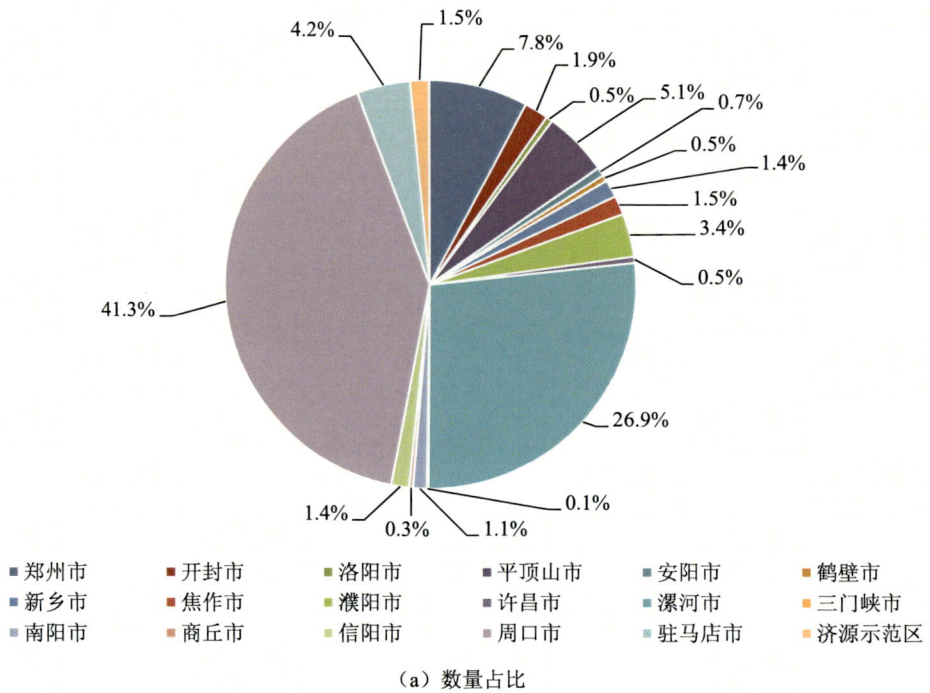

（a）数量占比

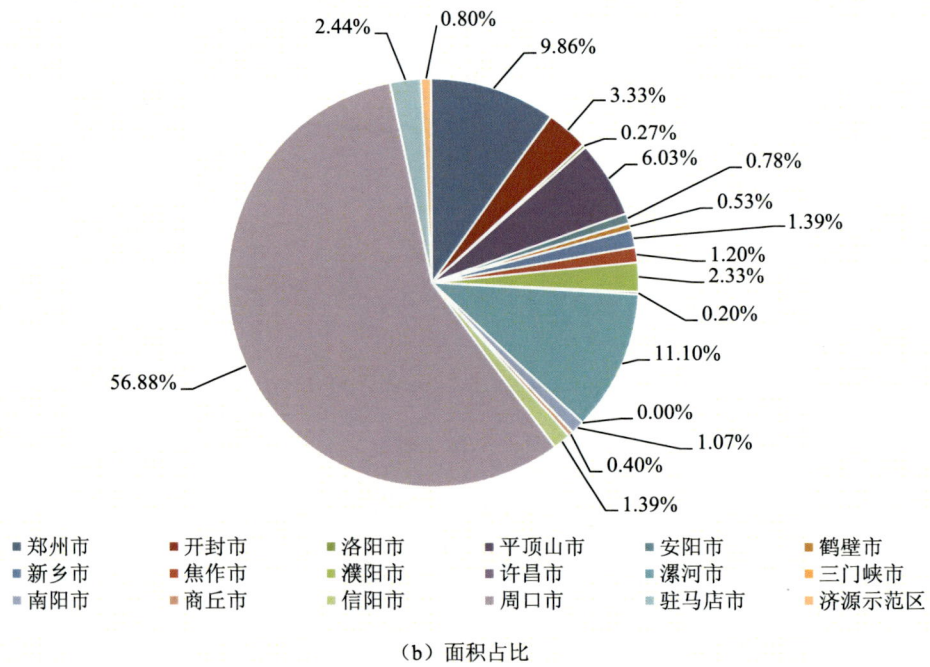

（b）面积占比

图 3-5　河南省农村黑臭水体各地级市数量及面积占比

（2）水体类型及面积

根据河南省农村黑臭水体排查工作建立的管理台账，农村黑臭水体属于塘类的数量和面积分别占全省的76.4%、69.2%；属于沟渠类的数量和面积分别占全省的20.2%、23.6%；属于河类的数量和面积分别占全省的3.4%、7.2%；其中水域面积在1 000 m²以下的占42.0%，其中塘类占32.4%。河南省及18个地市不同黑臭水体类型的农村黑臭水体占比情况见图3-6、图3-7。周口、漯河、驻马店、信阳等市的塘类黑臭水体占比60%以上。

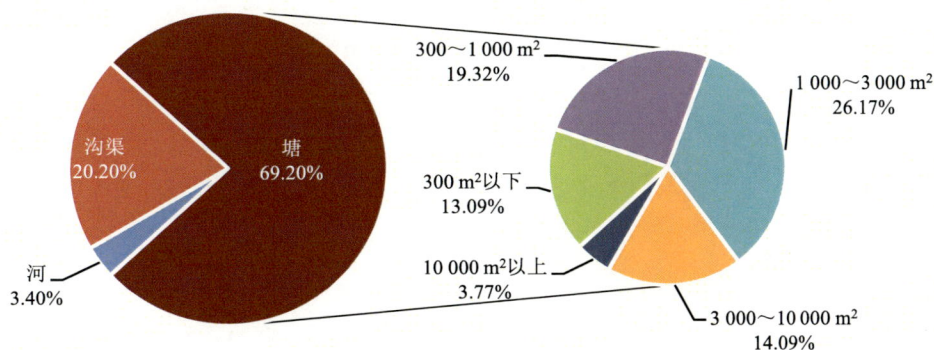

图 3-6　河南省农村黑臭水体类型面积占比及塘类面积分布

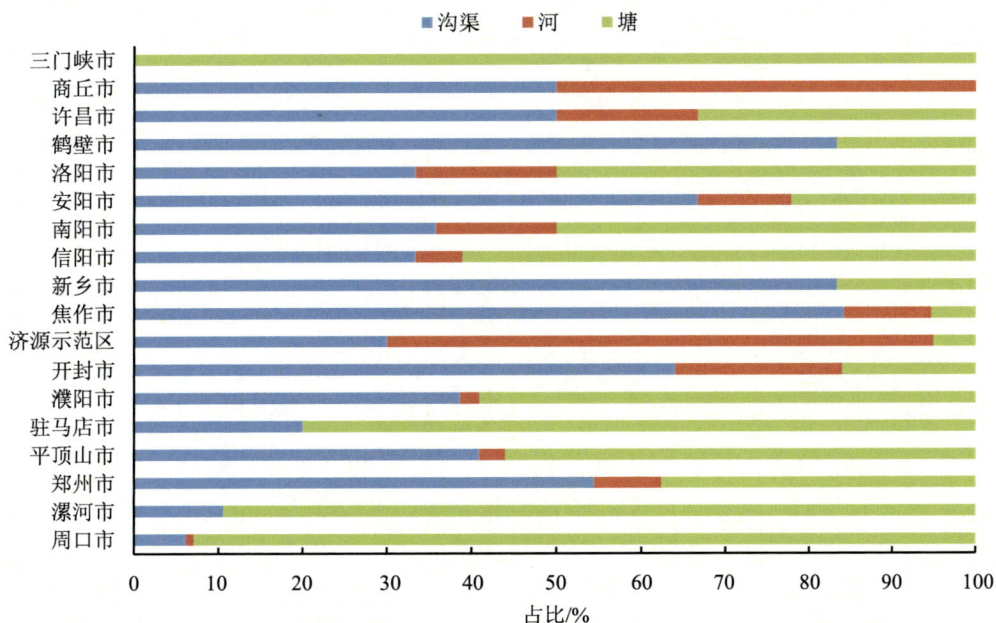

图 3-7　河南省各地市农村黑臭水体类型占比

（3）污染类型

根据河南省农村黑臭水体排查工作建立的管理台账，河南省农村黑臭水体污染成因主要涉及农村生活污水、农村生活垃圾和生产废弃物、畜禽养殖、农业种植、水产养殖、农村粪污、企业排污、内源底泥淤积及其他等 9 种污染源类型。按照其主要的污染类型划分，农村生活污水污染、农村生活垃圾和生产废弃物污染分别占 43.42%、41.65%；内源底泥淤积污染占 6.31%、畜禽养殖污染占 2.54%、农业种植污染和其他污染问题均占 1.54%，企业排污、水产养殖及农村粪污污染分别占 1.46%、0.85%及0.69%。全省不同污染类型的农村黑臭水体占比情况见图 3-8。

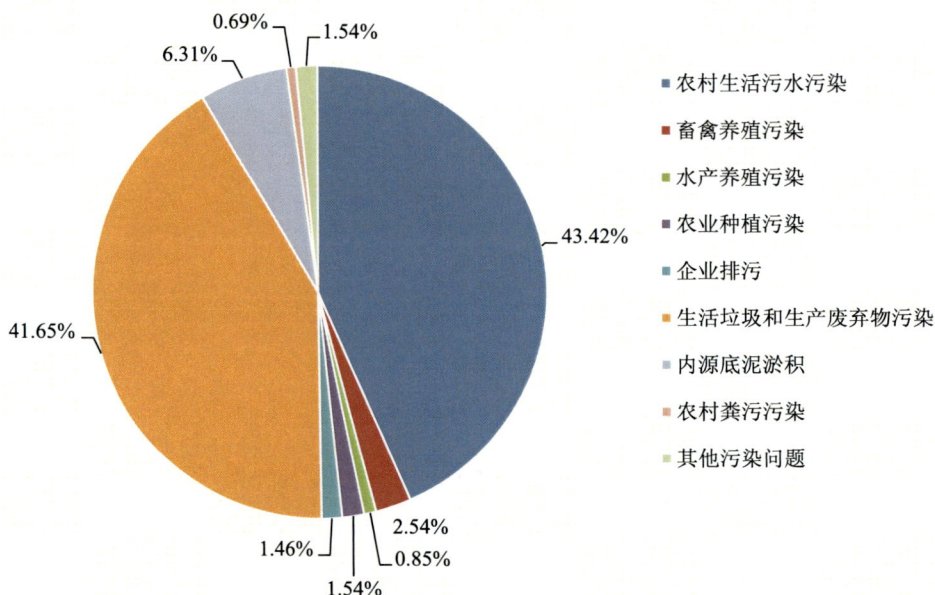

图 3-8　河南省农村黑臭水体污染类型占比

从 18 个地市的农村黑臭水体污染成因来看，除周口、漯河、洛阳三地黑臭水体的污染成因主要是农村生活垃圾和生产废弃物外，其他地市黑臭水体主要成因均为农村生活污水，其中驻马店、鹤壁、濮阳、济源畜禽养殖污染也是造成黑臭水体的关键成因之一，开封、安阳的农厕粪污污染也造成一定数量的黑臭水体，郑州、开封、周口、驻马店的黑臭水体底泥污染问题也较突出。18 个地市不同污染类型的农村黑臭水体占比情况见图 3-9。

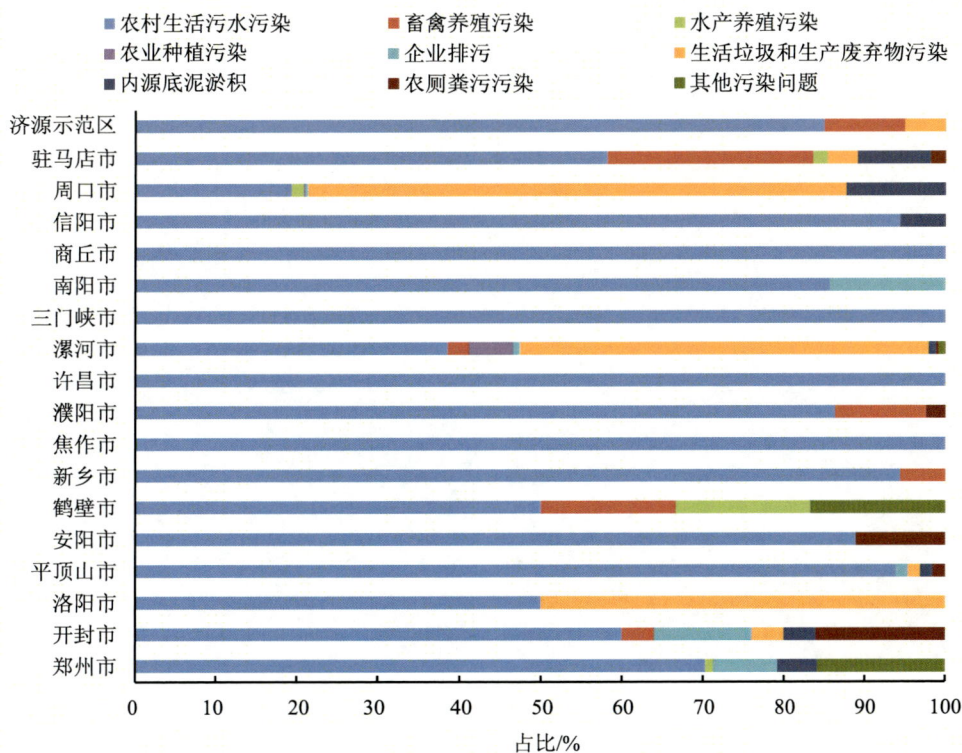

图 3-9 河南省各地市农村黑臭水体污染类型占比

3.4.3 河南省农村黑臭水体治理现状

选取郑州、开封、焦作、济源、周口、濮阳、信阳、安阳等 8 市 50 处纳入监管平台的黑臭水体开展了现场调研，选取部分水体治理情况汇总见表 3-2 及图 3-10。

表 3-2 河南省部分黑臭水体治理现状调查情况

水体类别	水体名称	污染类型	外源控制	内部治理	生态修复	管理维护
坑塘	开封某村	农村生活污水	截污纳管	底泥清淤	硬质瓦护坡	定时清理垃圾
	信阳某村1	农村生活污水	截污治理	太阳能曝气+生态浮岛	无	定期检查
	焦作某村	农村生活污水	截污纳管	底泥清淤	水泥硬质护坡	—

水体类别	水体名称	污染类型	外源控制	内部治理	生态修复	管理维护
河道	信阳某村2	农村生活污水、农村厕所粪污	截污纳管、终端处理设施	太阳能曝气、生态浮岛	人工材料加固植物护岸	定期检查
沟渠	周口某村1	生活垃圾和生产废弃物、农业种植业	清除垃圾（已完成）	清淤疏浚+水系连通（拟）	边坡整理、生态护坡（拟）	—
	周口某村2	农村生活污水、生活垃圾和生产废弃物	截污纳管、清除垃圾（部分）	清淤疏浚+水系连通（拟）	边坡整理、生态护坡（拟）	—

信阳某村1

信阳某村2

开封某村

焦作某村

周口某村1

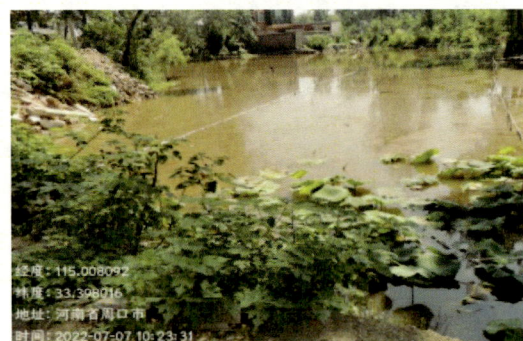

周口某村2

图 3-10 河南省部分农村黑臭水体治理现状

3.4.4　现状特征及治理存在的问题

（1）现状特征

河南省农村黑臭水体数量多、分布广、总面积大；污染类型多种多样；污染成因复杂、绝大部分黑臭水体污染成因不止一个，存在多个污染成因。

①从全省农村黑臭水体的区域分布情况来看，主要分布在周口市、漯河市、郑州市，这 3 个地级市的农村黑臭水体数量占全省总数的 76.0%，黑臭水体面积占全省黑臭水体总面积的 77.8%；黑臭水体数量最少的为三门峡市，其次为商丘市。

②从全省农村黑臭水体的类型及面积分布情况来看，全省农村黑臭水体的类型主要是封闭的坑塘类，其面积及数量占比达 70%。总面积大，但单个面积大的黑臭水体数量少，而单个面积小的黑臭水体数量较多，其中面积 1 000 m^2 以下的占比达到 40% 以上。

③从全省农村黑臭水体的主要污染类型来看，农村生活污水污染、农村生活垃圾和生产废弃物污染、内源底泥淤积污染 3 种污染类型占全省农村黑臭水体总数的 91.4%，这与河南省农村环境综合整治起步较晚以及农村生活污水处理设施覆盖率及处理率较低有关。

④从各地级市黑臭水体的主要污染类型来看，漯河市农村黑臭水体的污染类型最多，为 8 种，其中最多的为生活垃圾和生产废弃物污染，最少的为农厕粪污污染，无水产养殖污染类型；其次为周口市、驻马店市及开封市，污染类型均为 6 种，其中周口市最多的污染类型与漯河市一样，也为生活垃圾和生产废弃物污染，驻马店市和开封市最多的污染类型为农村生活污水污染。南阳市、许昌市、商丘市、焦作市、三门峡市的污染类型最少，均为农村生活污水污染，这可能与当地农村地区常住人口较多、生活污水产生量较大、农村生活污水处理设施覆盖率低有较大关系。其余各地级市的农村黑臭水体的污染类型种类在 2～5 种。

综上所述，农村黑臭水体的主要特征为小面积、封闭坑塘多，主要污染成因为农村生活污染及农村生活垃圾。

（2）治理存在的问题

从调研了解到的整体治理情况来看，目前河南省农村黑臭水体治理由于缺少资金，治理进展缓慢，已完成治理的黑臭水体普遍存在以下问题：

①重治理、轻管理。黑臭水体通过清淤、护坡等治理后，针对外部污染源的控制缺

乏有效管理；或者采取了生态治理措施后，针对治理设施及植物，缺少管护。

②技术选择重眼前、轻长远。选择治理技术时，追求快速消除黑臭，忽略了生态修复构建水体生态系统，甚至出现"三面光"现象，水体治理缺乏长效性。

③缺乏有效的技术支撑。由于农村黑臭水体治理尚无明确的治理技术规范，选择技术时，照搬城市黑臭水体治理技术方法，忽略农村地区点状水体、资金缺乏、管理水平低等因素，选择的技术不符合农村实际，造成人力、物力、财力的浪费。

④缺少区域统筹管理及资金支持。目前，河南省农村黑臭水体治理依赖于地方乡镇财政，而黑臭水体的治理是系统工程，其治理重点在于黑臭水体与农村生活污水、畜禽养殖粪污等污染源的协同治理、黑臭水体的内源治理与生态修复的协同治理，这需要水体所在区域统筹管理与资金支持。

4 农村生活污水治理规划

4.1 工作概况

4.1.1 制定背景

2021 年 12 月，中共中央办公厅、国务院办公厅联合印发了《农村人居环境整治提升五年行动方案（2021—2025 年）》，提出"加快推进农村生活污水治理""重点整治水源保护区和城乡结合部、乡镇政府驻地、中心村、旅游风景区等人口居住集中区域农村生活污水"。2022 年 1 月，生态环境部等 5 部门印发了《农业农村污染治理攻坚战行动方案（2021—2025 年）》，提出"以解决农村生活污水等突出问题为重点，提高农村环境整治成效和覆盖水平"。河南省委、省政府高度重视农村生活污水治理工作，省领导多次指示批示，安排部署全省农村人居环境集中整治工作。

"十三五"时期以来，河南全省上下深入贯彻落实党中央、国务院和省委、省政府决策部署，围绕乡村振兴战略，深入打好农业农村污染治理攻坚战，农村生活污水治理取得积极成效，全省生活污水治理率明显提升，农村人居环境不断改善。河南省农村人口多、平均居住密度高、人均水资源量低、耕地面积大、地貌类型和流域水系多样是全省的基本省情，决定了河南的农村生活污水治理工作比较复杂，必须加强顶层设计和统筹谋划，走因地制宜的路子，不能搞"一刀切"。此外，村庄面广分散、生活污染源多、人口流动性强、水质水量日变化系数大等特点，导致村庄污水收集管网布设难、建设成本高、运维管护弱，农村生活污水治理难度较大，已成为全省深入推进农村人居环境改善的短板和弱项。"十四五"时期是全省开启全面建设社会主义现代化新征程、谱写新时代中原更加出彩绚丽篇章的关键时期，加强农村生活污水治理工作，是推动人居环境提档升级、实现乡村振兴的重要支撑。全省农村生态环境保护形势依然严峻，生活污水治理工作任重道远。部分地区思想认识不够到位，重发展轻保护、重城市轻农村、重建设轻管理的思想依然存在；对标生态宜居美丽乡村建设，农村生活污水处理设施及管网建设仍然薄弱，与农业农村现代化、广大农民群众对美好生活环境的期盼还有一定距离；新型城镇化持续推进，城乡间要素实现了双向流动，农村人才、资金等要素短缺的局面没有根本改观，村庄"空心化"趋势在一定范围和程度上依然存在；农村生态环境保护体制、机制、政策、技术支撑、人员队伍等还不够健全，资金保障不足和"造血"功能弱并存，治理体系和治理能力亟待加强。因此，科学编制农村生活污水治理规划，对实现乡村振兴、推进农业农村污染治理具有重要指导意义。

农村生活污水治理是改善农村人居环境的重要内容，是实施乡村振兴战略的重要举措，是建设生态宜居美丽乡村的内在要求。为全面贯彻落实《农村人居环境整治提升五年行动方案（2021—2025 年）》《农业农村污染治理攻坚战行动方案（2021—2025 年）》，科学推进农村生活污水治理，切实改善农村人居环境，布局谋篇全省"十四五"农村生活污水治理工作，经河南省人民政府同意后，河南省生态环境厅、住房和城乡建设厅、农业农村厅、水利厅、财政厅、发展改革委于 2022 年 5 月 24 日联合印发了《河南省农村生活污水治理规划（2021—2025 年）》（豫环文〔2022〕68 号）。

4.1.2 制定过程

2022 年 1—3 月，实地调研及数据资料分析。2022 年 4 月，在实地调研和数据资料分析的基础上，形成规划征求意见稿，并征求相关单位意见。2022 年 4 月 29 日，河南省生态环境厅组织专家评审会，邀请国内相关专家对规划进行审查。2022 年 5 月 24 日，由河南省生态环境厅、住房和城乡建设厅、农业农村厅、水利厅、财政厅、发展改革委联合印发。

4.2 编制总体思路

4.2.1 指导思想

以习近平新时代中国特色社会主义思想为指导，深入贯彻习近平生态文明思想，全面贯彻党的十九大和十九届历次全会精神以及河南省第十一次党代会精神，立足新发展阶段，贯彻新发展理念，构建新发展格局，以改善农村生态环境为目标，将农村生活污水治理作为乡村建设和人居环境整治提升的重点任务，根据乡村实际，与卫生改厕和黑臭水体整治衔接，压实属地责任，坚持因地制宜，突出建管并重，健全政策机制，构建县级政府主导、专业公司建设运维、生态环境部门环境监管的治理体系，努力补齐农村人居环境短板，为全面推进乡村振兴、建设美丽河南提供支撑。

4.2.2 编制原则

规划编制坚持科学规划、统筹安排，因地制宜、分类治理，突出重点、梯次推进，建管并重、长效运维，政府引导、社会参与的原则，提出突出重点治理区域、科学推进新增设施建设、分类整治未正常运行设施、有序开展农村黑臭水体整治、积极推进污水资源化利用、强化运行和监督、重点工程等7个方面22项重点工作。

科学规划，统筹安排。加强顶层设计，推进"多规合一"，充分考虑城乡统筹发展布局、经济发展状况、环境功能区划、环境容量和人口分布等因素，以问题为导向，坚持"源头减量、适度处理、资源利用"，统筹安排农村生活污水治理工作。

因地制宜，分类治理。根据村庄自然禀赋、经济社会发展水平、人口聚集程度、污水产生量、生态环境敏感程度等因素，科学选择符合本地实际的污水收集和处理模式，宜集中则集中，宜分散则分散，因地制宜、因村施策，防止生搬硬套和搞"一刀切"。

突出重点，梯次推进。既尽力而为，又量力而行，实事求是、自下而上、分类确定治理目标，坚持数量服从质量、进度服从实效，求好不求快。突出重点区域，以乡镇政府驻地村庄、南水北调沿线、黄河干支流沿线村庄为重点，通过"一次规划、梯次推进"方式全面推进农村生活污水治理。

建管并重，长效运维。坚持先建机制、后建工程，以县域为单位，探索建立城乡融合、建管一体的治理体系。拓宽融资渠道，有条件的地区探索建立和完善财政补贴与农户付费合理分担机制，确保设施建成后长期稳定运行。创新监管模式，推进农村生活污水治理专业化、社会化、智慧化。

政府引导，社会参与。强化县级政府责任，加强统筹协调，整合各方资源，加快构建政府、市场主体、村集体、村民等多方共建共管格局。尊重农民主体地位，充分调动农民群众积极性和主动性，引导农民以投工投劳等方式参与设施建设与运行管理。

4.3 规划主要技术内容

本规划共分十章加附件：第一章为现状与形势，第二章为总体要求，第三章至第八章为主要工作任务，第九章为重点工程，第十章为保障措施。本节主要介绍规划目标指标、主要任务、重点工程等主要内容。

4.3.1 规划目标指标

规划提出到 2025 年，全省农村生活污水治理率达到 45%，完成全省 1 788 个乡（镇）政府驻地村庄、774 个南水北调中线工程总干渠（河南段）保护区划内村庄生活污水治理和管控、新增完成农村环境综合整治村庄 6 000 个；明显提升黄河干支流沿线村庄生活污水治理率；农村生活污水治理设施正常运行率达到 90%、农村生活污水处理设施尾水利用率达到 10%，608 条国家监管农村黑臭水体消除黑臭。

4.3.2 主要任务

围绕确保实现农村生活污水治理目标指标，规划分别从突出重点治理区域、科学推进新增设施建设、分类整治未正常运行设施、有序开展农村黑臭水体整治、积极推进污水资源化利用、强化运行和监管等 6 个方面提出具体任务。

（1）突出重点治理区域

充分考虑乡村振兴整体工作安排部署和村庄分类布局规划，重点治理城郊融合类、集聚提升类、特色保护类村庄，优先整治乡镇政府驻地、南水北调总干渠沿线、黄河流域沿线等区域村庄生活污水。

深入推进城郊融合类村庄治理。坚持以城带乡，推动城镇污水处理能力和服务向村庄延伸，对城镇开发边界内及紧邻开发边界的城郊融合类村庄以及城镇污水管网邻近村庄，应充分考虑城乡总体规划，按照村庄区位条件及未来发展需要，结合村庄地形标高，合理选择管材管径，科学确定管网埋深和排水方向，就近纳入城镇污水管网集中处理。

加快推进乡镇政府驻地村庄治理。分批分次推进乡镇政府驻地村庄新建污水处理设施和乡镇现有生活污水处理设施改造，2023年年底前，力争实现1 788个乡镇政府驻地村庄生活污水处理设施全覆盖；黄河流域55个未建污水处理设施的乡镇要于2022年内全部开工。科学合理确定乡镇政府驻地村庄生活污水处理设施的收水范围和管护模式，确保乡镇污水治理设施"建（改）一个，成一个"。加强城镇已建和拟建生活污水治理设施提质增效，辐射带动周边村庄人居环境提档升级。

全面推进南水北调总干渠沿线村庄治理。根据村庄区位条件、地形地貌、经济发展状况、村庄人口聚集程度、污水产生规模等因素，衔接村庄规划和县域农村生活污水治理规划，科学确定村庄生活污水治理技术模式。根据环境管理要求，适度提高村庄生活污水治理水平，原则上污水应处理达标后回用，杜绝化粪池出水和灰水直排。2025年年底前，南水北调中线工程总干渠（河南段）保护区划内774个村庄生活污水完成治理，切实保障"一渠清水永续北送"。

有序推进黄河流域沿线村庄治理。结合黄河流域农村突出环境问题专项整治行动，加强与滩区居民迁建有效衔接，将黄河干流大堤外3 km和一级支流沿线2 km、二级支流沿线1 km范围内村庄纳入优先治理范畴，力争2025年年底前，黄河干支流沿线村庄生活污水治理率高于全省平均水平，筑牢黄河流域水生态安全屏障。

审慎推进非人口密集区村庄治理。搬迁撤并类村庄、规划非保留村、常住人口较少的"空心村"，原则上不再新建污水处理设施，重点做好污水管控或简易处理。其他非人口密集区村庄，鼓励黑灰水分类收集处置。宅前院后土地充足的农户，黑水无害化处理后还田，灰水简单处理后庭院利用；可用土地较少的农户，重点做好厕所粪污的无害化处理和综合利用，避免化粪池出水直排。

（2）科学推进新增设施建设

从科学选择治理技术、规范新增处理设施建设、强化收集系统配套建设、注重工作统筹协调等方面，做好新增设施建设。

因地制宜选择治理模式。按照平原、山地、丘陵、盆地和生态环境敏感等典型特征地区，分类完善治理模式，合理选择资源化利用、纳管、集中、分散等治理模式。城镇周边或城郊融合类等有条件纳管村庄，应加快推动城镇污水管网和服务向其延伸覆盖。人口较多且居住集中、经济条件较好的村庄或集聚提升类、特色保护类村庄，宜规划建设污水收集管网和集中式污水处理设施。人口较为集中、经济条件一般的村庄或整治改善类村庄，在完成改厕实现黑水无害化处理、资源化利用的基础上，灰水简易处理后优先就地就近就农利用。在居住分散、干旱缺水的非环境敏感区，做好厕所粪污无害化处理和资源化利用，杜绝化粪池出水直排。支持开封杞县、商丘睢阳区、周口淮阳区等地开展农村生活污水治理试点工作，探索低成本、低能耗、易维护、高效率的适用技术或管护模式。2022 年年底前，筛选与河南省各地自然地理特征和社会经济发展阶段相匹配的农村生活污水治理适用技术模式。

建设经济适用处理设施。优先推进现有处理设施改造提升及重点区域新增处理设施建设。对于确需新建处理设施的，应综合考虑设施建设和运维成本，强化农村生活污水处理工艺比选。原则上，乡镇政府驻地村庄人口密度较大、企事业单位较多，污水处理规模一般大于 500 t/d，可采用 A^2/O、A^2/MBR+深度处理等具备良好脱氮除磷效果的处理工艺。南水北调总干渠沿线且常住人口大于 1 500 人的村庄，可选择 A^2/O、SBR 等生化处理工艺，尾水优先就近回用农田；常住人口小于 1 500 人的村庄，不宜采用 MBR、A^2/O、BAF 等工艺复杂、运维工作量较大的处理工艺。旅游村和外出务工较多的村庄，可通过适当扩大调节池规模或根据人口变化建立应急预案，采用拉运模式来降低设施冲击负荷，严禁盲目提高设施设计规模。

合理确定尾水排放标准。乡镇政府驻地村庄、日处理能力为 500 m^3 以上的污水处理设施，尾水水质执行《城镇污水处理厂污染物排放标准》（GB 18918—2002）相应排放限值。其他村庄根据排放规模和排放去向，严格执行《农村生活污水处理设施水污染物排放标准》（DB 41/1820—2019），非必要情况下严禁盲目提标。地方有更严格环境管理要求的，从其规定。合理确定排水去向，确保处理后污水不长期滞留而形成黑臭水体。鼓励各地充分衔接农田灌溉系统，配套建设尾水回用设施，充分利用污水氮、磷资源，减少处理工艺流程，节约运维成本。

规范处理设施建设过程管理。针对当地村庄生活污水治理特点，规范工程前期方案论证、设计、材料设备采购、施工、监理、管道功能性试验、隐蔽工程验收、闭水试验验收、竣工验收等建设项目管理，确保新建处理设施正常进水、出水达标。管道基槽

（坑）开挖到设计高程后，应进行槽（坑）检验。检验完成后，按照设计要求优先采用符合要求的原状土回填。对地基松软、不均匀沉降或易冲刷地段，管道基础应采取相应的加固措施。一体化预制设备、构件或管道等隐蔽部分应按规定进行防腐处理。安装前应对有关设备基础和预埋件、预留孔的位置、高程、尺寸等进行复核。安装时应保证水平，回填前应向装置内注满水，安装后应检查设备进出水管标高、下沉情况、焊缝严密性等是否符合设计要求。填埋式一体化设备应做好抗浮措施。

严格工程设备质量管理。抓好设备材料和工程建设质量管理，确保符合产品和施工要求，严禁"质次价高"。施工过程中应加强建筑材料和施工工艺的质量控制，杜绝出现裂缝和渗漏。优先选择抗冲击、综合成本低、稳定高效的技术和设备，减轻后续运维工作量和资金需求压力。

合理选择排水体制。根据降水量、经济条件等因素确定排水体制，除干旱或经济欠发达地区，以及无施工条件的村庄外，新建污水收集系统原则上采用雨污分流。非必要情况下，雨水宜采用自然散排方式。

合理布局污水收集系统。根据村庄规划、地形标高、排水流向、道路情况等因素，尽可能利用重力自流的原则布置污水收集系统，难以实现重力自流的区域，局部可采用压力输送或真空负压收集。污水管道不宜敷设在基本农田内，同时应避免穿越河道、铁路、主要公路等。新建或改建农房宜同步建设户内污水收集系统。农家乐、餐饮、民宿等含油废水接入接户井前应设置隔油池（器）；宾馆、美发、洗浴等场所美容美发废水接入接户井前应设置毛发收集井（器）；有条件的地区，厨房出水接入接户井前可设置厨房清扫井或沉渣格栅井等。工业企业、规模化畜禽废水禁止接入公共污水收集系统。污水处理站选址、标高设计、雨水溢流等均需充分考虑雨水蓄积风险。

做好污水收集系统建设。新增污水处理设施需同步配套建设污水管网，做好公共污水收集系统和户用污水收集系统的配套衔接，确保污水有效收集。根据农村生活污水流量、流速等合理确定排水管道的管径，严禁简单套用城镇标准。原则上，重力流污水管道宜按照非满流设计，干管最小管径不小于 DN200，最小设计坡度为 5‰；支管最小管径不小于 DN160，最小设计坡度为 4‰。污水管道管材要耐用适用，管网接口要严密，检查井设置要合理，沟槽回填要密实，严密性检查要规范。

坚持系统治理。结合"十县百镇千村"示范创建活动与人居环境整治提升行动，加强县域农村生活污水治理与改厕、供水、水系整治、农房道路建设、农业生产、文旅开发、黑臭水体整治等有效衔接，推动村庄环境整体提升。坚持城乡统筹，推动城镇污水治理能力和运维服务向周边村庄延伸，连点成线，组线成网，促进城乡环保基础设施一体化发展。

加强改厕与污水治理衔接。科学选择改厕技术模式，宜水则水、宜旱则旱。推动污水源头减量，在水冲式厕所改造中积极推广节水型、少水型水冲设施。已完成水冲式厕所改造的地区，具备污水收集处理条件的，优先将厕所粪污纳入生活污水收集和处理系统；暂时无法纳入的，应建立厕所粪污收集、储存、资源化利用体系，避免化粪池出水直排。计划开展水冲式厕所改造的地区，鼓励将改厕与生活污水治理同步设计、同步建设、同步运营；暂时无法同步建设的，预留后续污水治理空间。

（3）分类整治未正常运行设施

重点要求严格实施挂账销号监管，有序推进有改造价值设施改造，积极稳妥处置无改造价值设施，加快推进水毁设施灾后恢复重建，确保 2019 年后建成的有改造价值设施正常运行率达到 90%以上。

严格实施挂账销号监管。系统排查设施未正常运行原因，科学研判改造必要性，建立有改造价值、无改造价值和水毁设施台账，明确整改目标和完成时限，依据监管台账实行动态管理。有序开展未正常运行设施整治工作，严格对照验收标准，逐条逐项进行验收核查，不符合标准的坚决不予销号。按照"能用尽用、减少损失"原则，做好无改造价值设施处置工作，县级人民政府组织各乡镇（街道）或有关部门开展设施改造验收，按照"一站一档"原则及时整理设施改造档案，分批次开展验收工作。建立省、市生态环境部门及其派出机构三级核查抽查体系，督促销号工作做实做细。

有序推进有改造价值设施改造。优先整治 2019 年后新建成的有改造价值设施，结合实际分批次高质量推进其他有改造价值设施改造工作。科学选择污水收集系统、优化污水处理系统等方式，提升设施处理效能。到 2022 年 6 月底，2019 年后新建成的集中式农村污水设施正常运行率达到 90%以上。2025 年年底前，有改造价值设施正常运行率达到 90%以上。

积极稳妥处置无改造价值设施。县级人民政府结合当地实际情况，严格按照《行政事业性国有资产管理条例》《河南省行政事业单位国有资产管理办法》和属地规定，稳妥推进无改造价值设施处置工作。对于达到设计年限且无法使用的设施，在确保设施服务区污水不乱排乱放情况下，按照国有资产管理办法妥善处置；对于长期闲置设施（所在区域生活污水已通过或拟通过纳管等方式处理的、周围无服务人口或服务人口少的、所在区域拟拆迁撤并的），经评估后由设施所在乡镇（街道）提出申请，报县（市、区）人民政府同意后，依法有序退出。

加快推进水毁设施灾后恢复重建。按照全省灾后重建工作统一部署，加快推进水毁设施灾后重建。以极重灾区和重灾区为重点，结合当地实际情况，合理选择修复重建方案。优先改造需求迫切、受灾程度较轻的水毁设施，严格按照工程建设和验收标准，确保水毁设施维修工程质量和安全。2023 年 8 月底前，纳入省级清单的 610 座污水处理站基本恢复处理能力。

（4）有序开展农村黑臭水体整治

以面积较大、群众反映强烈的水体为重点，以控源截污为根本，综合采取清淤疏浚、生态修复、水系连通等措施，消除农村黑臭水体，同时强化长效运维机制建设，确保水体"长治久清"。

突出整治重点。以面积较大、群众反映强烈的水体为重点，优先治理纳入国家监管清单的农村黑臭水体，实施"拉条挂账、逐一销号"。持续开展农村黑臭水体排查，推动清单动态更新。在河流湖塘分布密集地区，进一步核实黑臭水体排查结果，对新发现的黑臭水体及时纳入监管清单，加强动态管理。鼓励治理任务较重、工作基础较好的地区积极申报各类试点项目，支持郑州荥阳市、漯河郾城区、周口项城市持续开展农村黑臭水体整治试点工作，2023 年年底前总结一批可复制、可推广的治理技术模式。到2025 年年底，全省基本消除较大面积农村黑臭水体。

科学系统施策。针对黑臭水体问题成因，以控源截污为根本，综合采取清淤疏浚、生态修复、水体净化等措施。推动黑臭水体整治与生活污水、垃圾、种植、养殖等污染统筹治理，将治理对象、目标、时序协同一致，确保治理成效。对垃圾坑、粪污塘、废弃鱼塘等淤积严重的水体进行底泥污染调查评估，采取必要的清淤措施。对清淤产生的底泥，经无害化处理后，可通过绿化等方式合理利用，禁止随意倾倒。根据水体的集雨、调蓄、纳污、净化、生态、景观等功能，科学选择生态修复措施，对于季节性断流、干涸水体，慎用浮水、沉水植物进行生态修复。对于滞流、缓流水体，采取必要的水系连通和人工增氧等措施。

推动长治久清。鼓励河（湖）长制体系向村级延伸。充分发挥河（湖）长制平台作用，压实部门责任，实现水体有效治理和管护。开展整治过程和效果评估，确保达到水质指标和村民满意度要求。严禁表面治理和虚假治理，禁止简单采用冲污稀释、一填了之等"治标不治本"的做法。将农村黑臭水体排查结果和整治进展通过县级媒体等向社会公开，在所在村公示，鼓励群众积极参与，对排查结果、整治情况进行监督举报。鼓励利用卫星遥感、无人机、中高点视频监控、人工排查、定期监测等手段对黑臭水体整治效果进行监管，避免水体"返黑返臭"。

（5）积极推进污水资源化利用

构建污水"无害化-输送-贮存-消纳利用"全流程体系，科学确定资源化利用途径，评估资源化利用潜力，强化环境质量监测和成效评估，降低建设和运维成本的同时，不引起农村环境质量下降。

探索建立资源化利用体系。构建污水"无害化-输送-贮存-消纳利用"全流程体系，农村生活污水经适度处理达到特定水质标准，作为再生水替代常规水资源，用于农田灌溉、庭院利用等实现水资源再利用，或者实现氮、磷等营养物质再利用。在干旱缺水和非生态环境敏感区，根据利用需求和排放标准，积极提升污水资源化利用水平，合理确定氮、磷处理要求。到 2025 年年底，探索建立适合河南省的农村生活污水分区分类资源化利用模式。

优先推进生产生活利用。污水产生量较少或不宜建设集中处理设施的地区，可根据村民生产生活习惯，将污水进行黑灰分离、分别利用。污水产生量较多的非生态环境敏感区，水质达到相关标准后，宜优先进行农林草灌溉等。污泥可采用厌氧消化、好氧发酵、干化等方式，进行无害化、稳定化处理，用于土地改良、荒地造林、苗木繁育等。结合灌渠改造、循环农业园区等，充分考虑农业生产周期、输送距离和设施出水量等，统筹建设污水贮存、灌溉等设施，打通"最后一公里"。

稳妥进行生态补水利用。对生产生活利用条件不足的非生态环境敏感区或生态环境容量较大的地区，可统筹农村生活污水治理与水系综合整治进行生态补水利用。充分利用农村现有坑塘沟渠，优先采用本土、经济型动植物物种，进行水系生态化改造，进一步净化水质。按照相关标准和要求，将处理后的污水进行河湖生态补水或景观用水，不应造成农村水体黑臭、受纳河湖水质恶化。

鼓励粪污无害化处理和资源化利用。结合农业化肥减量增效、水肥一体化推广等项目，推进人畜粪污、农业生产废弃物协同处置利用，因地制宜建立粪污清运处置模式，实现粪污无害化后生产有机肥、沼气等。重点支持畜牧大县和产粮大县开展人畜粪污、农业生产废弃物一体化治理，发展种养结合生态农业。

积极探索灰水资源化利用。搬迁撤并类村庄、规划非保留村、常住人口较少的"空心村"，在确保粪污资源化利用的基础上，利用"四小园"的方式实现灰水回用，未回用部分充分利用人工或自然生态系统进行消纳，探索利用村内现有排水系统（边沟、渠道）对氮、磷等水污染物进行沿程净化消纳，消纳利用不得造成新的农村黑臭水体。

科学评估资源化利用潜力。基于农村生活污水资源化利用需求及条件，根据村庄基本信息、自然条件、产业发展等，科学评估生活污水资源化利用的可行性以及可能存在的生态环境风险，避免危害人体健康或污染周边土壤和水体。

强化环境质量监测。针对不同的利用途径，建立简便易行的监测制度。生活污水、粪污资源化利用监测可参考《农田灌溉水质标准》（GB 5084—2021）、《粪便无害化卫生要求》（GB 7959—2012）、《有机肥料》（NY/T 525—2021）等相关标准规范要求。

强化成效评估。各地市每年至少开展 1 次农村生活污水资源化利用成效评估，重点评估村庄内是否有厕所粪污直排、污水乱排乱放、是否形成黑臭水体、村民是否满意、村庄周边生态环境是否恶化等，并将其纳入农村环境整治成效评估内容，作为村庄是否完成农村环境整治的主要依据。

（6）强化运行和监管

因地制宜确定运维管护模式，推动一体化管护模式实施，强化运维管理和运维考核评估，加强监测体系构建，开展治理成效调查评估，实施环境监督执法。

推动一体化管护。加快构建以县为单位，由专业化机构统一负责的农村生活污水处理设施运行管护体系，探索建立污水城乡融合、建管一体治理体系。积极推广商丘民权县、洛阳孟津区建运管护经验。

因地制宜确定运维模式。根据各地农村生活污水处理设施分布、规模、工艺、运行维护要求等实际情况，合理确定运行维护模式。对于规模较大、分布较集中、工艺运行维护要求较高的集中式污水处理设施，鼓励委托第三方专业机构作为运行维护单位。鼓励有条件的地区与城镇生活污水处理设施、农村生活垃圾处理设施等统一运行维护。对于规模较小、分布较零散、工艺运行维护技术要求较低的集中式污水处理设施，可由乡（镇、街道）人民政府自行运行维护。户用收集系统和分散处理设施原则上由村民自行维护。

规范运维管理。应结合当地实际情况，明确设施运行维护主管部门，落实运行维护管理经费，建立设施运行维护管理协调机制，组织有关部门、乡镇、村级组织、农户、第三方专业机构开展农村生活污水处理设施运行维护管理，组织无运行维护价值的设施按照现行法律法规有序退出。鼓励郑州市及集中式污水处理设施覆盖率较高的地区进一步提升运行管护水平，提高设施运行效率。

加强运维考核评估。推动县级以上农村生活污水处理设施运行维护主管部门将设施运行维护成效作为考核运维实施主体的依据，并与运维经费挂钩，实行依效付费。鼓励郑州市探索建立设施运维成效评估体系，探索将设施正常运行率、平均水力负荷率、出水水质达标率、群众满意度等指标以及运维台账、污泥处置等纳入成效评估内容。

构建监测体系。逐步构建以运维实施主体自行监测为主体、部门监督性监测为主导、社会第三方监测为补充的农村生活污水治理监测体系。按要求对日处理 20 t 及以上农村生活污水处理设施开展监测，每年至少监测 2 次出水水质；有条件的地区可对日处理 20 t 以下的处理设施按照一定比例进行抽测。鼓励条件较好的地区对农村生活污水处理设施的水质、水量、用电量等运行指标开展在线监控，与生态环境部门联网，提高监管效率。

开展成效调查评估。结合农村环境整治成效评估，对农村生活污水处理设施的正常运行率、日常管护情况等进行实地调查评估。鼓励有条件的地区通过手持移动端设备实现农村生活污水处理设施运行情况的信息自动采集和在线监督。

实施环境监督执法。畅通信访举报渠道，引导村民和公众参与、监督农村生活污水治理。禁止通过渗井、渗坑、灌注等排放未经处理的农村生活污水，或伪造监测数据等逃避监管。

4.3.3 重点工程

"十四五"期间，聚焦河南省农村生活污水治理需求，重点实施新增农村生活污水处理设施建设、未正常运行农村生活污水处理设施改造、农村黑臭水体整治、农村生活污水资源化利用等四大工程。

5 农村生活污水处理设施水污染物排放标准

5.1 标准工作简介

5.1.1 制定背景

改善农村人居环境，建设美丽宜居乡村，是实施乡村振兴战略的一项重要任务，事关全面建成小康社会，事关广大农民根本福祉，事关农村社会文明和谐，农村生活污水治理是改善农村人居环境的重要内容。农村生活污水排放标准是农村生活污水处理设施建设和管理的重要依据，关系到污水处理技术和工艺的选择以及处理设施建设和运行维护成本。制定经济合理、技术可行、环境效益好的农村生活污水排放标准，将会减少农村生活污水的污染物排放量，改善农村水环境，提升农村人居环境。目前国家未制定农村生活污水排放标准，《农村环境连片整治技术指南》（HJ 2031—2013）要求农村生活污水连片处理项目、集中式农村生活污水处理设施排放标准参考《城镇污水处理厂污染物排放标准》（GB 18918—2002），分散式农村生活污水处理设施排放标准参考《城市污水再生利用农田灌溉用水水质》（GB 20922—2007），由于推荐排放标准制定时间较早，且农村生活污水和城镇生活污水在水质、水量上存在较大差异，因此采用上述标准进行环境管理存在诸多问题。

2018 年 2 月，中央办公厅、国务院办公厅印发了《农村人居环境整治三年行动方案》（中办发〔2018〕5 号），要求各地区分类制定农村生活污水治理排放标准，梯次推进农村生活污水治理，将农村水环境治理纳入河长制、湖长制管理行动目标。到2020 年，实现农村人居环境明显改善，村庄环境基本干净整洁有序，村民环境与健康意识普遍增强。2018 年 9 月，生态环境部办公厅、住房和城乡建设部办公厅发布《关于加快制定地方农村生活污水处理排放标准的通知》（环办水体函〔2018〕1083 号），明确要求各省（自治区、直辖市）要根据本通知要求，抓紧制定地方农村生活污水处理排放标准，原则上于 2019 年 6 月底前完成。《河南省农村人居环境整治三年行动实施方案》（豫办〔2018〕14 号）要求分类制定农村生活污水治理排放标准，梯次推进农村生活污水治理。为贯彻落实国家和河南省重要文件精神，规范河南省农村生活污水处理设施的设计、建设和运行管理，防治农村水环境污染，改善农村水生态环境，提升农村人居环境，为河南省农村生活污水治理和水生态环境管理提供标准依据，河南省生态环境厅决定开展"农村生活污水处理设施水污染物排放标准"的制定工作。该标准于 2019 年由河南省人民政府批准发布实施。

5.1.2 工作过程

本标准制定工作于 2018 年 5 月启动。标准制定工作总体分为调研、项目立项和标准制定三个阶段：

调研阶段（2018 年 5—10 月）：按照河南省生态环境厅工作安排，课题组通过现场调研、调查问卷和召开座谈会等形式对河南省农村生活污水处理现状进行调研，形成《河南省农村生活污水处理适用技术调研报告》，并通过河南省生态环境厅主持的专家技术论证会。

项目立项阶段（2019 年 3 月）：根据河南省地方标准制定工作程序要求，配合河南省生态环境厅准备相关材料，报河南省市场监督管理局进行立项，2019 年 3 月 4 日河南省市场监督管理局印发通知将本标准列入 2019 年度河南省地方标准制修订计划。

标准研究制定阶段（2018 年 11 月—2019 年 5 月）：2019 年 2 月完成标准征求意见稿，组织召开专家咨询会，3 月通过河南省生态环境厅主持的专家技术论证会。同时分别向生态环境部、省直相关厅局、市县政府和相关单位、河南省生态环境厅相关处室征求意见，并在省生态环境厅门户网站和河南省地方标准服务平台上向社会公开征求意见。根据收集的意见和建议对标准进行修改完善，并通过河南省生态环境厅厅长办公会、厅务会审议。2019 年 5 月，河南省生态环境厅和河南省质监局共同主持召开标准审查会。

本标准由河南省人民政府于 2019 年 6 月 6 日批准，自 2019 年 7 月 1 日起实施。

5.1.3　总体思路

（1）基本思路

以习近平生态文明思想为指导，认真贯彻落实全国生态环境保护大会和河南省生态环境大会精神，以改善农村人居环境和水生态环境为核心，坚持从实际出发，因地制宜地将污染治理与资源利用相结合、生态措施与工程措施相结合、集中处理与分散处理相结合，以农村生活污水处理设施"建得省、用得起、好运维"为基础，以完成有机污染物降解、防止黑臭为目标，确保处理模式和处理技术简便、适用、有效，综合考虑水生态环境保护和项目设计、建设、运维和监管全过程，全面统筹建立技术标准体系。

（2）基本原则

①从实际出发原则。综合考虑河南省农村状况、农村人居环境改善需求和农村生活污水处理模式、处理技术发展水平，力求标准科学合理、经济可行、易于操作。

②差别化控制原则。各地水环境特点不同、村庄排水去向不同，标准限值的确定需要根据实际情况区别对待，分区分级、宽严相济。

③注重实效长效原则。以"建得省、用得起、好运维、见实效"为中心，引导河南省农村污水处理模式和处理技术向简便、适用、有效的方向发展。

④便于监督管理原则。力求标准简便、易读、好用，便于基层环保人员操作，为农村生活污水处理设施监管提供标准和法律依据。

⑤多方参与原则。标准制定中采取多种方式征求政府、治理企业和运维企业、行业专家、生态环境管理部门等的意见，兼顾各方实际情况和需求，以保证标准的科学性、针对性和可操作性。

5.1.4　技术路线

本标准制定采用资料调研、现场调研监测和主管部门座谈、专家咨询相结合的方法。通过文献资料调研和实地考察，充分了解河南省农村生活污水排放特点、处理现状和处理技术状况，根据国家和地方污染物排放标准制定要求，确定标准技术内容、控制项目和标准限值、监测方法和标准的实施与监督等内容，起草标准文本和编制说明征求意见稿，在广泛征求意见的基础上形成送审稿，经主管部门审查后形成报批稿。

本标准制定技术路线见图 5-1。

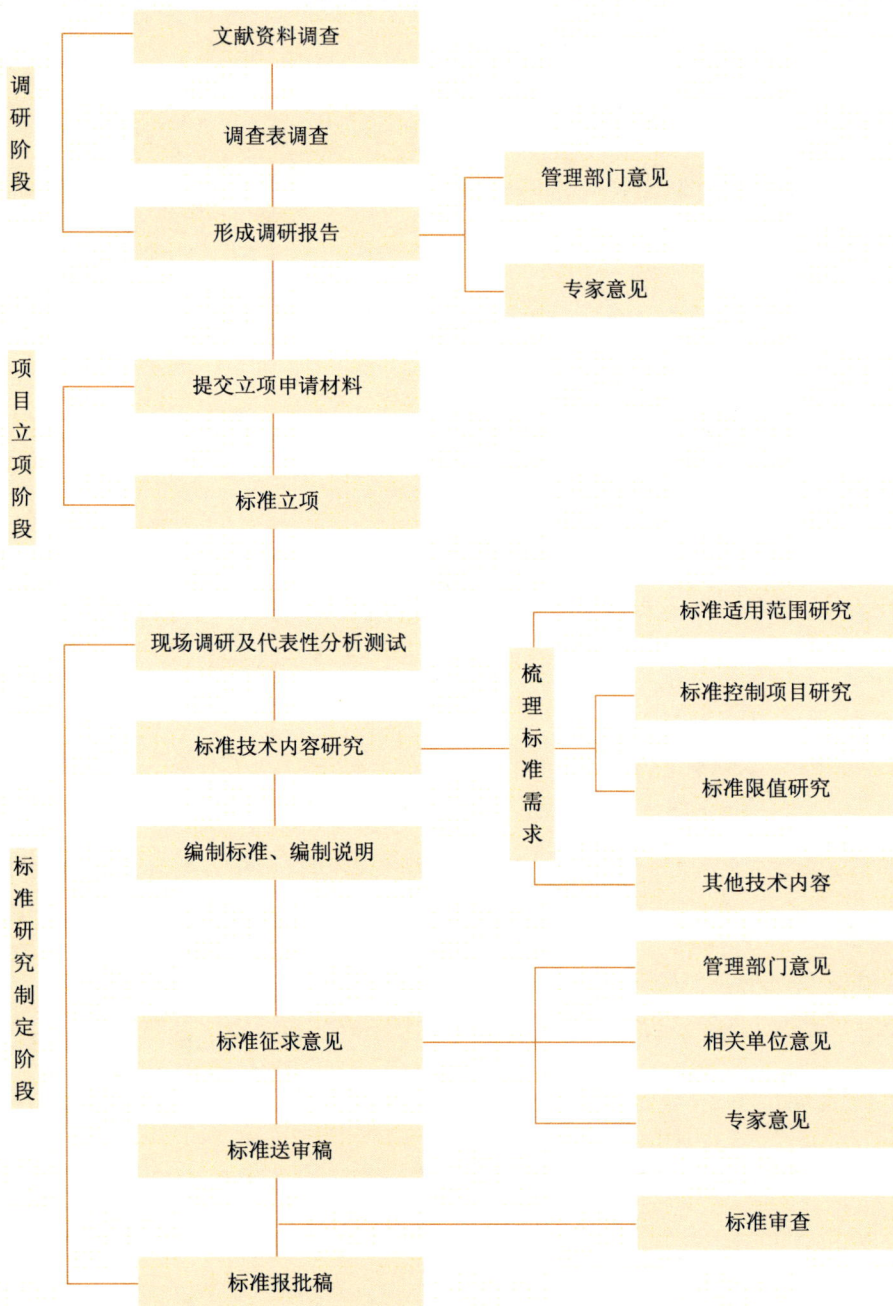

图 5-1　标准制定技术路线

5.2 国内外相关标准情况

我国农村生活污水治理起步较晚，欧美、日本等发达国家和地区社会发展早已进入城乡一体化阶段，农村与城市使用相同的污水排放标准。由于我国农村生活污水和城镇生活污水水质、水量差异大，不能简单套用城镇污水排放标准，部分省市结合农村实际制定了地方排放标准，用以指导农村生活污水处理设施的设计、建设、运行和管理，为河南省标准的研制提供了参考依据。

5.2.1 国外相关标准

（1）美国相关标准

美国城市化历史长，乡村卫生设施建设起步早，不存在类似中国的城乡差别，而且乡村居民都比较富裕，总体来说乡村污水处理水平比较高。因此，在污水排放要求方面，美国乡村和城市使用相同的排放标准，即达到美国《联邦水污染防治法》规定的经二级处理的出水限值，见表 5-1。

表 5-1　美国生活污水二级处理排放标准

项目	月平均	周平均
BOD_5/（mg/L）	30	45
TSS/（mg/L）	30	45
pH	6～9	6～9
BOD_5、TSS 去除率/%	85	—

（2）欧盟相关标准

欧盟按照当量人口规模分级规定生活污水排放限值，具体规定见表 5-2。总氮、总磷为环境敏感地区控制水体藻类生长标准。

表 5-2　欧盟生活污水处理排放标准　　　　　　　　　　　　单位：mg/L

人口/人	SS	COD$_{Cr}$	BOD$_5$	总氮	总磷
2 000～10 000	60			—	—
10 000～100 000	35	125	25	15	2
＞100 000				10	1

欧盟各成员国可依据本国实际情况制定生活污水排放限值，确保水质目标的实现。德国、丹麦的生活污水排放限值分别见表 5-3 和表 5-4。

表 5-3　德国生活污水处理排放标准（24 h 混合样）　　　　单位：mg/L

人口/人	COD$_{Cr}$	BOD	NH$_3$-N	TP	TN
＜1 000	150	40	—	—	—
≥1 000	110	25	—	—	—
≥5 000	90	20	10		18
≥20 000	90	20	10	2	18
≥100 000	75	15	10	1	18

表 5-4　丹麦生活污水处理排放标准　　　　　　　　　　　　单位：mg/L

人口/人	BOD	TP	TN
＞15 000	15	1.5	8
5 000～15 000	—	1.5	—
新建＞5 000	15	1.5	8

（3）日本相关标准

日本城市（人口＞5 万人或人口密度＞40 人/hm^2 的地区）适用《下水道法》，农村地区主要适用《净化槽法》。《净化槽法》中污水排放标准的限值按净化槽处理工艺而定。净化槽在日本主要有 3 种类型，分别为单独处理净化槽、合并处理净化槽和深度处理净化槽。目前，日本的深度处理净化槽技术已较为成熟，出水水质可达到：BOD 在

10 mg/L 以下，COD_{Cr} 在 15 mg/L 以下，TN 在 10 mg/L 以下，TP 在 1 mg/L 以下。

5.2.2 国内相关标准

截至 2018 年年底，我国未制定国家层面的农村生活污水排放标准，一些地方根据环境管理的需要，参考《城镇污水处理厂排放标准》（GB 18918）制定了相关标准，用以指导当地农村生活污水排放管理。全国部分省（自治区、直辖市）针对农村生活污水处理设施制定了相关的地方排放标准，其中宁夏回族自治区（2011 年发布）、山西省（2013 年发布）、浙江省（2015 年发布）、河北省（2015 年发布）、重庆市（2018 年发布）、陕西省（2018 年发布）和北京市（2019 年发布）已正式由省市政府批准发布实施，江苏省地方标准文本（报批稿）已上报省政府等待批准发布，福建省（2011 年）、山东省（2019 年）、广东省（2019 年）和天津市（2019 年）标准文本和编制说明已公开征求意见。

5.2.3 控制水平分析

（1）与国家工作指南相比

《关于加快制定地方农村生活污水处理排放标准的通知》和《农村生活污水处理设施水污染物排放控制规范编制工作指南（试行）》对地方农村生活污水处理排放标准的控制项目选择和排放限值要求均作出了具体的规定，现将本标准控制要求与《农村生活污水处理设施水污染物排放控制规范编制工作指南（试行）》要求进行对比，具体情况见表 5-5。

通过对比可以看出，河南省标准中控制水平均满足《农村生活污水处理设施水污染物排放控制规范编制工作指南（试行）》提出的要求，为确保受纳水体不发生黑臭，结合河南省农村实际情况对二级标准和三级标准在《农村生活污水处理设施水污染物排放控制规范编制工作指南（试行）》要求的基础上进行适当的加严。

表 5-5 　本标准控制要求与《农村生活污水处理设施水污染物排放控制规范编制工作指南（试行）》要求对比情况

单位：mg/L

处理设施类别		级别	控制因子	标准限值	工作指南要求	
处理规模	排水去向				限值	GB 18918 对应级别
10 m³/d（不含）～500 m³/d（不含）	GB 3838 Ⅱ、Ⅲ类水体和湖、库等封闭水体	一级	pH	6～9	6～9	一级B 标准
			化学需氧量	60	60	
			悬浮物	20	20	
			氨氮	8（15）*	8（15）*	
			总氮	20	20	
			总磷	1	1	
			动植物油	3	3	
	GB 3838 Ⅳ、Ⅴ类水体和水环境功能未明确的池塘等封闭水体	二级	pH	6～9	6～9	二级标准（受纳水体不发生黑臭）
			化学需氧量	80	100	
			悬浮物	30	30	
			氨氮	15（20）*	25（30）*	
			总氮	—	—	
			总磷	2	3	
			动植物油	5	5	
	沟渠、自然湿地和其他水环境功能未明确水体等	三级	pH	6～9	6～9	三级标准（受纳水体不发生黑臭）
			化学需氧量	100	120	
			悬浮物	50	50	
小于 10 m³/d（含）	—		氨氮	20（25）*	—	
			动植物油	5	20	

注：* 括号外数值为水温＞12℃的控制要求，括号内的数值为水温≤12℃的控制要求（下同）。

（2）与外省标准相比

将本标准与已公布的部分外省（自治区、直辖市）地方农村生活污水排放标准中相关排放限值进行对比，研究分析本标准控制水平，对比情况见表 5-6～表 5-8。

表 5-6　本标准中一级标准（排入 GB 3838 Ⅱ、Ⅲ类水体和湖、库等封闭水体）

与外省相应标准对比　　　　　　　　　　　　　　　　　　　　　　单位：mg/L

控制项目	省（自治区、直辖市）									
	河南	宁夏（一级）	山西（一级）	河北（一级B 二级）	陕西（一级）	北京（一级A 一级B）	福建*（A标准）	山东*（一级）	广东*（有功能水体）	天津*（一级）
悬浮物	20	20	20	20 40	20	15	20	20	20	10
化学需氧量	60	60	60	60 100	80	30	60	50	50	30
氨　氮	8（15）	8（15）	15	8（15） 15	15	1.5（2.5）	8（15）	10（15）	5（8）	1.5（3.0）
总　氮	20	20	20	20 —		15 20	20	15	20	10
总　磷	1	1	1	1 —	2	0.3 0.5	1	1	1.5	0.3
动植物油	3	—	—	3 10	5	0.5	3		3	1

注：波浪下划线表示严于河南省标准限值，直线下划线表示宽松于河南省标准限值，无下划线表示与河南省标准限值相当；*为征求意见稿。

表 5-7　本标准中二级标准（排入 GB 3838 Ⅳ、Ⅴ类水体）与外省相应标准对比

单位：mg/L

控制项目	省（自治区、直辖市）									
	河南	宁夏（二级）	山西（二级）	河北（三级）	陕西（二级）	北京（二级A 二级B）	福建*（B标准）	山东*（二级）	广东*（有功能水体）	天津*（二级）
悬浮物	30	50	50	50	30	20	30	30	20	10
化学需氧量（COD_{Cr}）	80	120	150	150	150	50 60	100	60	50	40
氨　氮	15（20）	25（30）	30	25		5（8） 8（15）	25（30）	15（20）	5（8）	2.0（3.5）
总　氮	—	—	—	—	—	—	20	20	20	15
总　磷	2	2	—	—	3	0.5 1	3	1.5	1.5	0.4
动植物油	5	—	—	15	10	1 3	5	—	3	1

注：波浪下划线表示严于河南省标准限值，直线下划线表示宽松于河南省标准限值，无下划线表示与河南省标准限值相当；*为征求意见稿。

表5-8　本标准中三级标准（排入其他去向）与外省相应标准对比

单位：mg/L

控制项目	省（自治区、直辖市）								
	河南	宁夏（三级A三级B）	山西（三级）	浙江（二级）	北京（二级A二级B）	重庆（一级二级）	江苏（二级三级）	广东*（无功能水体）	天津*（三级A二级B）
悬浮物	50	80 100	100	30	20	30 50	30 50	30	20 30（C标）
化学需氧量（COD$_{Cr}$）	100	150 200	200	100	50 60	80 100	100	60	50 60
氨　氮	20（25）	—	—	25	5（8）8（15）	20 25	25（30）	8（15）	5（8）8（15）
总　氮	—								20
总　磷				3	0.5 1	3 4	—	2	1 2
动植物油	5	—		5	1 3	5 10	5	5	3 5

注：波浪下划线表示严于河南省标准限值，直线下划线表示宽松于河南省标准限值，无下划线表示与河南省标准限值相当；*为征求意见稿。

总体来看，北京、天津和广东3个省（直辖市）农村经济发展水平较高，排放标准的控制要求较其他省（自治区、直辖市）更为严格。与周边其他省份相比，河南省标准控制要求宽松于山东，严于山西、河北和陕西，但山西、河北和陕西的标准批准发布较早，部分控制要求不能满足《农村生活污水处理设施水污染物排放控制规范编制工作指南（试行）》中对排放限值的要求，据了解需要进一步修订完善。

5.3　标准主要技术内容

本标准为强制性标准，内容包括前言、范围、规范性引用文件、术语和定义、一般要求、水污染物排放控制要求、水污染物监测要求、实施与监督，共8部分，与国家标准基本相同。

5.3.1　内容框架

综合考虑河南省农村人口、经济、区位情况、水生态环境保护需求，以及农村生活污水处理技术经济性和运行管理水平，本标准考虑"分排水去向、分规模、分级别、分控制项目、分时段"控制。

（1）分排水去向

河南省农村分布广泛，区位条件不同、排水去向不同，受纳水体环境敏感程度不同、对水环境影响程度不同，本标准按照不同排水去向执行不同排放标准。

出水直接排入 GB 3838 Ⅱ、Ⅲ类水体和湖、库等封闭水体，出水直接排入Ⅳ、Ⅴ类水体和水环境功能未明确的池塘等封闭水体，以及出水排入沟渠、自然湿地和其他水环境功能未明确水体等时的处理设施，执行不同的排放标准，水环境功能要求越高执行标准越严格。

（2）分规模

河南省平原、山区农村人口分布特点不同，污水排放量不同，对水环境影响大小、处理设施投资运行费用、运行管理水平要求都会不同。本标准对处理规模 10 m³/d 以下（含）处理设施的控制要求宽松于 10 m³/d 以上（不含）处理设施。

平原地区村庄人口聚集程度高，山区、丘陵地区村庄人口分散。根据调查问卷统计结果，河南省已建成的农村生活污水处理设施中处理规模 10 m³/d 以下（含）约占 10%。参考河南省农村居民生活用水量取值计算，山区丘陵地带的分散型村组污水产生量应不超过 10 m³/d（以人口数不超过 200 人，人均用水量 50 L，排水系数 0.8，日变化系数 1.2 计算），由于污水收集困难、排放规模小、对受纳水体的环境影响小、环境承载力和土地消纳能力较强，且在同一排放标准下污水处理设施规模越小、污水排放点位越分散，其吨水投资成本、运维费用大幅提高，因此，以 10 m³/d 进行规模划分，且适当放宽对规模在 10 m³/d 以下的农村生活污水处理设施的排放要求。

（3）分级别

根据农村生活污水处理设施处理规模、排入水体的水环境功能区划等，将本排放标准分三级管控，对水环境影响越大、受纳水体环境管理要求越高，执行标准越严格。

（4）分控制项目

考虑到生活污水特征污染物的控制，本着经济适用、易于监督管理的原则，按照

《关于加快制定地方农村生活污水处理排放标准的通知》和《农村生活污水处理设施水污染物排放控制规范编制工作指南（试行）》要求，本标准确定了 7 项控制因子，其中 pH 值、悬浮物、化学需氧量、氨氮、动植物油 5 项指标所有情形都要控制，在对受纳水体环境管理要求较高的地区将总磷指标作为防止受纳水体富营养化的主要控制因子，在对受纳水体环境管理要求严格的地区，同时控制总磷和总氮指标。

（5）分时段

现有农村生活污水处理设施自 2020 年 7 月 1 日（标准实施后一年）起执行本标准要求。

新建农村生活污水处理设施自标准发布实施之日起执行本标准要求。

5.3.2 控制因子选择

（1）控制因子筛选原则

本标准控制因子筛选原则：①符合农村生活污水污染排放特征；②与农村地区技术、经济和管理水平相适应；③满足水环境保护需求；④与国家要求相衔接。

（2）农村生活污水特征污染物

农村生活污水特征污染物主要分为以下五类：

①有机污染物：纤维素、蛋白质、油脂、淀粉等，一般以 COD_{Cr}、BOD_5、动植物油表征。

②营养性污染物：氮、磷等，一般以氨氮、总氮、总磷表征。

③无机悬浮物：泥沙、水力排灰等，一般以悬浮物（SS）表征。

④洗涤用品使用产生的污染物：包括磷、表面活性剂等，一般以总磷和阴离子表面活性剂（LAS）表征。

⑤病原体、病原菌和寄生虫卵等，一般选取粪大肠菌群进行控制。

（3）《关于加快制定地方农村生活污水处理排放标准的通知》

通知中提出：出水直接排入环境功能明确的水体，控制指标和排放限值应根据水体的功能要求和保护目标确定。出水直接排入Ⅱ类和Ⅲ类水体的，污染物控制指标至少应包括 COD_{Cr}、pH 值、悬浮物、氨氮等；出水直接排入Ⅳ类和Ⅴ类水体的，污染物控制指标至少应包括 COD_{Cr}、pH 值、SS 等。出水排入封闭水体或超标因子为氨、磷的不达标水体，控制指标除上述外应增加总氮和总磷。

（4）《农村生活污水处理设施水污染物排放控制规范编制工作指南（试行）》

工作指南中提出：控制指标至少应包括 pH 值、悬浮物和 COD_{Cr} 3 项基本指标。其中，出水直接排入 GB 3838 Ⅱ类、Ⅲ类功能水域（划定的饮用水水源保护区除外）、《海水水质标准》（GB 3097—1997）（以下简称 GB 3097）二类海域及村庄附近池塘等环境功能未明确的小微水体，除上述基本指标外，应增加氨氮；出水排入封闭水体，除上述指标外，应增加总氮和总磷；出水排入超标因子为氮、磷的不达标水体的，除上述指标外，应增加超标因子相应的控制指标。含提供餐饮服务的农村旅游项目生活污水的处理设施，除上述基本指标外，还应增加动植物油。各地可根据实际情况增加控制指标。

（5）控制因子确定

pH 值、COD_{Cr} 和悬浮物是判断水质的最基本指标，作为本标准所有情形下都必须控制的项目。

对于 BOD_5 和 COD_{Cr} 两项指标，两者均反映水体受有机物污染的情况，由于农村生活污水可生化性较好，BOD_5 和 COD_{Cr} 两项指标具有一定相关性，但 BOD_5 测定所需时间较长，在农村环境监测管理中不易操作，而 COD_{Cr} 属于国家重点控制污染物且监测便捷，因此选取 COD_{Cr} 作为控制指标。

氮、磷等营养物质是水体发生富营养化的最主要原因，也是藻类最重要的细胞组成化学成分。根据利贝格最小值定律，藻类生长取决于外界提供给它所需养料中数量最小的一种，因此，通过重点控制氮、磷两种营养物质中的一项，可有效控制水体富营养化的发生。对于适用于农村污水处理的脱氮除磷方法，控制总磷指标经济技术性较好，因此，在对受纳水体环境管理要求较高的地区，将总磷指标作为防止受纳水体富营养化的主要控制因子，在对受纳水体环境管理要求严格的地区，同时控制总磷和总氮指标。氨氮作为生活污水中的主要污染物质，不仅是水体富营养化的主要因素，也是水体中的主要耗氧污染物，氨氮氧化分解消耗水中的溶解氧，可直接导致水体发黑发臭，因此，将氨氮作为本标准所有情形下都必须控制的项目。

从对河南省农村生活污水抽样检测调查情况来看，一般情况下原水阴离子表面活性剂（LAS）浓度较低，经生化/生态处理后不会对水环境造成较大影响，考虑到 LAS 监测难度和成本较高，因此本标准不对 LAS 进行控制。

控制粪大肠菌群，污水处理工艺末端须设置消毒设施。针对河南省农村生活污水处理现状，设置消毒设施后运行费用增加、运维管理复杂。从农村生活污水水质特征来看，病原微生物类型及数量与其他行业废水相比危害极小。综合技术经济性，本标准不将粪大肠菌群作为控制因子。

动植物油漂浮在水体表面，影响空气与水体界面间的氧交换，从而导致水体缺氧、水质恶化。对于动植物油指标，其主要来源于餐厨废水，考虑到近年来农村地区餐饮业发展较快，产生的污水可能排入农村污水处理设施，由于该部分污水中的动植物油含量较高，本标准对动植物油指标进行控制。

综合考虑，本标准对 pH 值、化学需氧量、氨氮、悬浮物、动植物油 5 项指标在所有情形都要控制，总氮、总磷在对水环境影响大、受纳水体环境管理要求高的情形时增加控制。

5.3.3 标准限值确定

（1）标准限值确定原则

本标准限值确定原则：

①分区分级、宽严相济：各地水环境特点不同、村庄排水去向不同，标准限值的确定需要根据实际情况区别对待。

②回用优先、源头减排：鼓励农村生活污水回用，减少尾水排放，从源头上减少污染排放。

③全面统筹、保证运行：既要考虑排水水质，又要针对项目设计、建设、运维和监管等四方面进行统筹考虑。

④与国家要求相衔接：严格按照《关于加快制定地方农村生活污水处理排放标准的通知》和《农村生活污水处理设施水污染物排放控制规范编制工作指南（试行）》要求制定标准限值。

（2）《关于加快制定地方农村生活污水处理排放标准的通知》

出水直接排入村庄附近池塘等环境功能未明确的小微水体，控制指标和排放限值的确定，应保证该受纳水体不发生黑臭。出水流经沟渠、自然湿地等间接排入水体，可适当放宽排放限值。

（3）《农村生活污水处理设施水污染物排放控制规范编制工作指南（试行）》

出水直接排入 GB 3838 Ⅱ、Ⅲ类功能水域（划定的饮用水水源保护区除外）及

GB 3097 二类海域的，其相应控制指标值参考不宽于 GB 18918 一级 B 标准浓度限值，且污染物应按照水体功能要求实现污染物总量控制。出水排入 GB 3838 地表水Ⅳ、Ⅴ类功能水域及 GB 3097 中三、四类海域的，其相应控制指标值参考不宽于 GB 18918 二级标准浓度限值；其中受纳水体有总氮控制要求的，由地方根据实际情况，科学制定排放浓度限值。

出水直接排入村庄附近池塘等环境功能未明确的水体，控制指标值的确定，应保证该受纳水体不发生黑臭，其基本控制指标值参考不宽于 GB 18918 三级标准浓度限值，氨氮参考不宽于《城市黑臭水体整治工作指南》（建城〔2015〕130 号）中规定的城市黑臭水体污染程度分级标准轻度黑臭的浓度限值。

出水流经自然湿地等间接排入水体的，其控制指标值参考不宽于 GB 18918 三级标准浓度限值，同时，自然湿地等出水应满足受纳水体的污染物排放控制要求。

（4）排放标准限值确定

1）一级标准

本标准确定：规模大于 10 m³/d（不含）且出水直接排入 GB 3838 Ⅱ、Ⅲ类水体和湖、库等封闭水体的新建农村生活污水处理设施执行一级标准。控制项目为 pH 值、悬浮物、化学需氧量、氨氮、总氮、总磷和动植物油 7 个。

该类水体主要是饮用水水源地上游、地下水源补给区、一般鱼类保护区或渔业水域及游泳区，同时设置有考核断面，是需要进行特殊保护的重点水体，为保障水质安全，应规定较严格的污染物排放限值，考虑河南省农村实际，满足《农村生活污水处理设施水污染物排放控制规范编制工作指南（试行）》要求，确定一级标准与 GB 18918 中一级 B 标准控制水平相当。

2）二级标准

本标准确定：规模大于 10 m³/d（不含）且出水直接排入 GB 3838 Ⅳ、Ⅴ类水体和水环境功能未明确的池塘等封闭水体的新建农村生活污水处理设施执行二级标准。控制项目为 pH 值、悬浮物、化学需氧量、氨氮、总磷和动植物油 6 个。

GB 3838 Ⅳ、Ⅴ水体主要适用于一般工业用水区、人体非直接接触的娱乐用水区和农业用水区、一般景观要求水域，河流水域相对较大，设置有考核断面，《关于加快制定地方农村生活污水处理排放标准的通知》中提出"出水直接排入村庄附近池塘等环境功能未明确的小微水体，控制指标和排放限值的确定，应保证该受纳水体不发生黑臭"，需要规定较为严格的排放限值。结合国家《农村生活污水处理设施水污染物排放控制规范编制工作指南（试行）》要求、城镇黑臭水体污染程度分级标准（表 5-9）和河南省农村环境管理需要，确定本标准中二级标准控制水平总体与 GB 18918 中二级标准相当，适当加严了化学需氧量、氨氮和总磷控制要求。

表 5-9　城市黑臭水体污染程度分级标准

特征指标	轻度黑臭	重度黑臭
透明度/cm	25～10*	<10*
溶解氧/（mg/L）	0.2～2.0	<0.2
氧化还原电位/mV	−200～50	<−200
氨氮/（mg/L）	8.0～15	>15

注：*水深不足 25 cm 时，该指标按水深的 40%取值。

3）三级标准

本标准确定：规模小于 10 m³/d（含）或者出水排入沟渠、自然湿地和其他水环境功能未明确水体等的新建农村生活污水处理设施执行三级标准。控制项目为 pH 值、悬浮物、化学需氧量、氨氮和动植物油 5 个。

规模小于 10 m³/d（含）的处理设施对水环境影响较小，且考虑到污水收集处理和运行成本，可适当放宽排放标准。《关于加快制定地方农村生活污水处理排放标准的通知》和《农村生活污水处理设施水污染物排放控制规范编制工作指南（试行）》中指出：出水直接排入村庄附近池塘等环境功能未明确的水体，控制指标值的确定，应保证该受纳水体不发生黑臭，出水流经沟渠、自然湿地等间接排入水体，可适当放宽排放限值。本标准中三级标准控制水平总体与 GB 18918 中三级标准相当，但为控制黑臭水体发生，设置了氨氮指标，适当加严了化学需氧量和动植物油控制要求。

5.3.4　达标的技术经济可行性

根据农村生活污水处理设施处理规模、排入水体的水环境功能区划等，将农村生活污水处理设施水污染物排放标准分为三级排放标准。对于规模大于 10 m³/d（不含）且出水直接排入 GB 3838 Ⅱ、Ⅲ类水体和湖、库等封闭水体的处理设施执行一级标准，宜采用预处理+具有脱氮除磷功能的生化处理等处理工艺，必要时根据进水水质增加适宜的深度处理单元；对于规模大于 10 m³/d（不含）且出水直接排入 GB 3838 Ⅳ、Ⅴ类水体和水环境功能未明确的池塘等封闭水体的处理设施执行二级标准，宜采用预处理+生化处理等处理工艺，必要时根据进水水质增加适宜的深度处理单元；规模小于 10 m³/d（含）或出水排入沟渠、自然湿地和其他水环境功能未明确水体等的处理设施执行三级标准，宜采用预处理+生化处理/生态处理等处理工艺。对应的工艺组合和处理技术见表 5-10。

表 5-10　本标准对应的工艺组合和处理技术

序号	适用范围	标准级别	工艺组合	处理技术
1	规模大于 10 m³/d（不含）且出水直接排入 GB 3838 Ⅱ、Ⅲ类水体和湖、库等封闭水体的处理设施	一级标准	预处理+具有脱氮除磷功能的生化处理等（必要时根据进水水质增加适宜的深度处理单元）	预处理+以 A/O/A²/O 为主体工艺的处理设施（可辅助人工湿地）
				预处理+以 A/O/A²/O 为主体工艺的处理设施（可辅助化学除磷）
				预处理+厌氧-膜生物反应器（可辅助化学除磷）
				其他适宜技术
2	规模大于 10 m³/d（不含）且出水直接排入 GB 3838 Ⅳ、Ⅴ类水体和水环境功能未明确的池塘等封闭水体的处理设施	二级标准	预处理+生化处理等（必要时根据进水水质增加适宜的深度处理单元）	预处理+以 A/O/A²O 为主体工艺的处理设施
				其他适宜技术
3	规模小于 10 m³/d（含）或出水排入沟渠、自然湿地和其他水环境功能未明确水体的处理设施	三级标准	预处理+生化处理/生态处理等	预处理+水解酸化+好氧处理
				预处理+稳定塘/人工湿地
				预处理+水解酸化+人工湿地
				其他适宜技术

（1）出水满足一级标准的处理技术经济可行性分析

对于规模大于 10 m³/d（不含）且出水直接排入 GB 3838 Ⅱ、Ⅲ类水体和湖、库等封闭水体的处理设施执行一级标准，宜采用预处理+具有脱氮除磷功能的生化处理等处理工艺。其中，预处理单元包含格栅、隔油池以及化粪池等预处理设施，二级处理宜采用具有脱氮除磷功能的生化处理工艺，如 A/O、A²/O、生物膜以及膜生物工艺等，必要时根据进水水质增加适宜的深度处理单元，深度处理宜采用絮凝沉淀、过滤、人工湿地等处理工艺，以下列举了 3 种常见的组合工艺并对其技术经济可行性进行分析。

1）组合工艺一

①工艺流程。

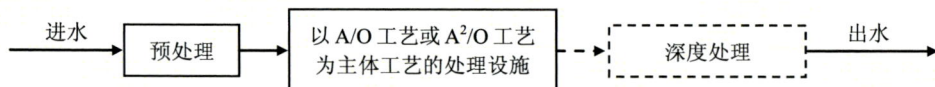

②各单元主要技术参数及处理效率。

预处理段应设置有效的隔油设施，生化处理设施以 A/O 工艺或 A^2/O 工艺为主体工艺，在污泥浓度 3 000～3 500 mg/L，进水 COD_{Cr} 300～400 mg/L、氨氮 35～40 mg/L、总氮 45～60 mg/L、总磷 3～5 mg/L 时，其好氧段水力停留时间不宜小于 9.5 h，缺氧段水力停留时间不宜小于 3 h。当进水水质高于上述范围值时，应增加适宜的深度处理单元，深度处理单元可采用絮凝沉淀、过滤、人工湿地等处理工艺。

表 5-11　各工段处理效果　　　　　　单位：mg/L（去除率除外）

处理工段		主要污染物浓度				
		COD_{Cr}	SS	NH_3-N	TN	TP
调节池	进水	300～400	80～100	35～40	45～60	3～5
主体 A/O 或 A^2/O 工艺	出水	≤60	≤20	≤8	≤20	≤1.0
	去除率/%	≥85	≥80	≥80	≥67	≥80
一级标准		60	20	8（15）	20	1.0

③经济可行性（终端处理设施建设成本，不包含配套设施建设费用）。

规模≥50 t/d，吨水建设成本 4 500～6 500 元，吨水运行成本 1.4～1.6 元。

规模＜50 t/d，吨水建设成本＞6 500 元，吨水运行成本＞1.6 元。吨水投资随建设规模减小而增加（下同）。

2）组合工艺二

①工艺流程。

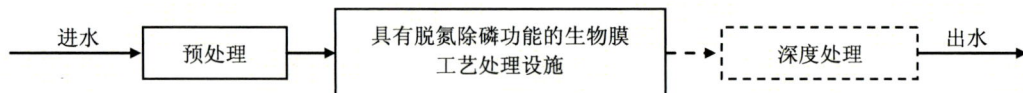

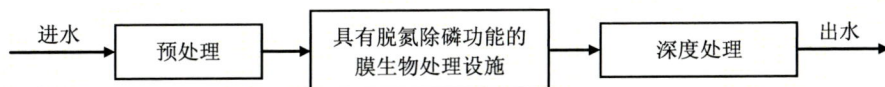

②各单元主要技术参数及处理效率。

预处理段应设置有效的隔油设施，生化处理设施采用具有脱氮除磷功能的填料生物膜工艺，在污泥浓度 3 000～3 500 mg/L，进水 COD_{Cr} 300～400 mg/L、氨氮 35～40 mg/L、总氮 45～60 mg/L、总磷 3～5 mg/L 时，其好氧段水力停留时间不宜小于 9.5 h，缺氧段水力停留时间不宜小于 3 h。当进水水质高于上述范围值时，应增加适宜的深度处理单元，深度处理单元可采用絮凝沉淀、过滤、人工湿地等处理工艺。

表 5-12　各工段处理效果　　　　　　　　单位：mg/L（去除率除外）

处理工段		主要污染物浓度				
		COD_{Cr}	SS	NH₃-N	TN	TP
调节池	进水	300～400	80～100	35～40	45～60	3～5
填料生物膜工艺	出水	≤60	≤20	≤8	≤20	≤1.0
	去除率/%	≥85	≥80	≥80	≥67	≥80
一级标准		60	20	8（15）	20	1.0

③经济可行性（终端处理设施建设成本，不包含配套设施建设费用）。

规模≥50 t/d，吨水建设成本 5 500～7 500 元，吨水运行成本 1.6～1.8 元。

规模<50 t/d，吨水建设成本>7 500 元，吨水运行成本>1.8 元。

3）组合工艺三

①工艺流程。

进水 → 预处理 → 具有脱氮除磷功能的膜生物处理设施 → 深度处理 → 出水

②各单元主要技术参数及处理效率。

预处理段应设置有效的隔油设施，生化处理设施采用具有脱氮除磷功能的膜生物法为主体工艺，在污泥浓度 4 000～8 000 mg/L，进水 COD_{Cr} 300～400 mg/L、氨氮 35～40 mg/L、总氮 45～60 mg/L、总磷 3～5 mg/L 时，其好氧段水力停留时间不宜小于 7 h，缺氧段水力停留时间不宜小于 3 h。考虑到膜生物法污泥龄较长，磷酸盐截留效率较低，后端宜增加深度处理单元，深度处理单元可采用絮凝除磷沉淀或人工湿地工艺。

表 5-13 各工段处理效果　　　　　　　　单位：mg/L（去除率除外）

处理工段		主要污染物浓度				
		COD$_{Cr}$	SS	NH$_3$-N	TN	TP
调节池	进水	300～400	80～100	35～40	45～60	3～5
具有脱氮除磷功能的膜生物法	出水	≤60	≤20	≤8	≤20	≤2.5
	去除率/%	≥85	≥80	≥80	≥67	≥50
化学除磷沉淀或人工湿地	出水	≤50	≤10	≤8	≤20	≤1.0
	去除率/%	16.7	50	—	—	60
一级标准		60	20	8（15）	20	1.0

③经济可行性（终端处理设施建设成本，不包含配套设施建设费用）。

规模≥50 t/d，吨水建设成本 5 500～8 000 元，吨水运行成本 1.7～1.9 元。

规模＜50 t/d，吨水建设成本＞8 000 元，吨水运行成本＞1.9 元。

（2）出水满足二级标准的处理技术经济可行性分析

对于规模大于 10 m³/d（不含）且出水直接排入 GB 3838 Ⅳ、Ⅴ类水体和水环境功能未明确的池塘等封闭水体的处理设施执行二级标准，宜采用预处理+生化处理等处理工艺，并根据进水水质情况增加适宜的深度处理单元。其中，预处理单元包含格栅、隔油池以及化粪池等预处理设施。二级处理宜采用 A/O、A²/O、传统活性污泥法以及生物膜法等技术。以下列举了 4 种常见的组合工艺，并对其技术经济可行性进行分析。

1）组合工艺一

①工艺流程。

进水 → 预处理 → 以 A/O 工艺或 A²/O 工艺为主体工艺的处理设施 → 出水

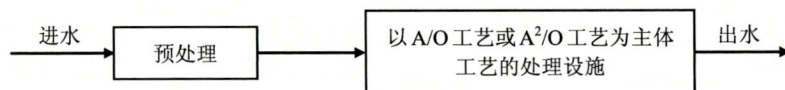

②各单元主要技术参数及处理效率。

预处理段应设置有效的隔油设施，生化处理设施以 A/O 工艺或 A²/O 工艺为主体工艺，在污泥浓度 3 000～3 500 mg/L，进水 COD$_{Cr}$ 300～400 mg/L、氨氮 35～40 mg/L、总磷 3～5 mg/L 时，其好氧段水力停留时间不宜小于 6 h，缺氧段水力停留时间不宜小于 2 h。

表 5-14　各工段处理效果　　　　　　单位：mg/L（去除率除外）

处理工段		主要污染物浓度			
		CODcr	SS	NH₃-N	TP
调节池	进水	300~400	80~100	35~40	3~5
主体 A/O 或 A²/O 工艺	出水	≤80	≤30	≤15	≤2
	去除率/%	≥80	≥70	≥63	≥60
二级标准		80	30	15（20）	2

③经济可行性（终端处理设施建设成本，不包含配套设施建设费用）。

规模≥50 t/d，吨水建设成本 3 500~5 000 元，吨水运行成本 0.4~0.5 元。

规模<50 t/d，吨水建设成本>5 000 元，吨水运行成本>0.5 元。

2）组合工艺二

①工艺流程。

进水 → 预处理 → 以传统活性污泥法为主体工艺的处理设施 → 出水

②各单元主要技术参数及处理效率。

预处理段应设置有效的隔油设施，生化处理设施采用以传统活性污泥法为主体工艺，在污泥浓度 3 000~3 500 mg/L，进水 CODcr 300~400 mg/L、氨氮 35~40 mg/L、总磷 3~5 mg/L 时，其水力停留时间不宜小于 6 h，宜设置缺氧单元，缺氧水力停留时间不小于 2 h。

表 5-15　各工段处理效果　　　　　　单位：mg/L（去除率除外）

处理工段		主要污染物浓度			
		CODcr	SS	NH₃-N	TP
调节池	进水	300~400	80~100	35~40	3~5
传统活性污泥法	出水	≤80	≤30	≤15	≤2
	去除率/%	≥80	≥70	≥63	≥60
二级标准		80	30	15（20）	2

③经济可行性（终端处理设施建设成本，不包含配套设施建设费用）。

规模≥50 t/d，吨水建设成本 3 500～5 000 元，吨水运行成本 0.4～0.5 元。

规模＜50 t/d，吨水建设成本＞5 000 元，吨水运行成本＞0.5 元。

3）组合工艺三

①工艺流程。

进水 → 预处理 → 以生物膜法为主体工艺的处理设施 → 出水

②各单元主要技术参数及处理效率。

预处理段应设置有效的隔油设施，生化处理设施采用以生物膜法为主体工艺，在污泥浓度 3 000～3 500 mg/L，进水 COD_{Cr} 300～400 mg/L、氨氮 35～40 mg/L、总磷 3～5 mg/L 时，其水力停留时间不宜小于 6 h，宜设置缺氧单元，缺氧水力停留时间不小于 2 h。

表 5-16　各工段处理效果　　　　单位：mg/L（去除率除外）

处理工段		主要污染物浓度			
		COD_{Cr}	SS	NH₃-N	TP
调节池	进水	300～400	80～100	35～40	3～5
生物膜法	出水	≤80	≤30	≤15	≤2
	去除率/%	≥80	≥70	≥63	≥60
二级标准		80	30	15（20）	2

③经济可行性（终端处理设施建设成本，不包含配套设施建设费用）。

规模≥50 t/d，吨水建设成本 3 500～5 000 元，吨水运行成本 0.4～0.5 元。

规模＜50 t/d，吨水建设成本＞5 000 元，吨水运行成本＞0.5 元。

4）组合工艺四

①工艺流程。

进水 → 预处理 → 以膜生物法为主体工艺的处理设施 → 出水

②各单元主要技术参数及处理效率。

预处理段应设置有效的隔油设施，生化处理设施采用膜+生物法为主体工艺，在污泥浓度 4 000～8 000 mg/L，进水 CODCr 300～400 mg/L、氨氮 35～40 mg/L、总磷 3～5 mg/L 时，其水力停留时间不宜小于 4 h，宜设置缺氧单元，缺氧水力停留时间不小于 2 h。

表 5-17 各工段处理效果　　　　　单位：mg/L（去除率除外）

处理工段		主要污染物浓度			
		COD_{Cr}	SS	NH_3-N	TP
调节池	进水	300～400	80～100	35～40	3～5
膜生物法	出水	≤80	≤30	≤15	≤2
	去除率/%	≥80	≥70	≥63	≥60
二级标准		80	30	15（20）	2

③经济可行性（终端处理设施建设成本，不包含配套设施建设费用）。

规模≥50 t/d，吨水建设成本 4 500～5 500 元，吨水运行成本 0.7～0.9 元。

规模＜50 t/d，吨水建设成本＞5 500 元，吨水运行成本＞0.9 元。

（3）出水满足三级标准的处理技术经济可行性分析

对于规模小于 10 m^3/d（含）或出水排入沟渠、自然湿地和其他水环境功能未明确水体等的处理设施执行三级标准，宜采用预处理+生化处理/生态处理等处理工艺。其中，预处理单元包含格栅、隔油池以及化粪池等预处理设施。二级处理宜采用传统活性污泥法等生物处理技术或生态处理技术。以下列举两种常见的组合工艺并对其技术经济可行性进行分析。

1）组合工艺一

①工艺流程。

进水 → 预处理 → 以传统活性污泥法/生物膜法为主体工艺的处理设施 → 出水

②各单元主要技术参数及处理效率。

预处理段应设置有效的隔油设施，在污泥浓度 3 000～3 500 mg/L，进水 CODCr 300～400 mg/L、氨氮 35～40 mg/L，其水力停留时间不宜小于 4 h。

表 5-18　各工段处理效果　　　　　　单位：mg/L（去除率除外）

处理工段		主要污染物浓度		
		COD$_{Cr}$	SS	NH$_3$-N
调节池	进水	300～400	80～100	35～40
活性污泥法/生物膜法	出水	≤100	≤50	≤20
	去除率/%	≥75	≥50	≥50
三级标准		100	50	20（25）

③经济可行性（终端处理设施建设成本，不包含配套设施建设费用）。

规模≥50 t/d，吨水建设成本 1 800～2 500 元，吨水运行成本 0.3～0.4 元。

规模<50 t/d，吨水建设成本>2 500 元，吨水运行成本 0.4 元。

2）组合工艺二

①工艺流程。

进水 → 预处理 → 水解酸化/多级 ABR → 人工湿地 → 出水

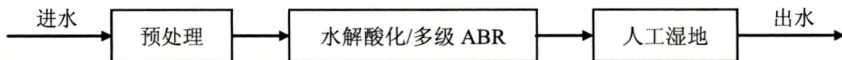

②各单元主要技术参数及处理效率。

预处理段应设置有效的隔油设施，水解酸化适用于进水 COD$_{Cr}$ 300～400 mg/L、氨氮 35～40 mg/L 的污水处理，水解酸化停留时间不低于 6 h，人工湿地设计负荷不高于 0.02 kg BOD$_5$/（m^2·d）。多级 ABR+人工湿地工艺适用于进水 COD$_{Cr}$ 高于 350 mg/L 的污水的处理，具体设施容积负荷根据进水水质计算确定。

表 5-19　各工段处理效果　　　　　　单位：mg/L（去除率除外）

处理工段		主要污染物浓度		
		COD$_{Cr}$	SS	NH$_3$-N
调节池	进水	300～400	80～100	35～40
水解酸化	出水	≤150	≤50	≤30
	去除率/%	≥63	≥50	≥25
人工湿地	出水	≤100	≤20	≤20
	去除率/%	≥34	≥60	≥33
三级标准		100	50	20（25）

③经济可行性（终端处理设施建设成本，不包含配套设施建设费用）。

规模≥50 t/d，吨水建设成本 2 500～3 000 元，吨水运行成本 0.1 元。

规模＜50 t/d，吨水建设成本＞3 000 元，吨水运行成本＞0.1 元。

5.3.5　社会环境效益

（1）社会效益

开展农村生活污水治理将较大改善农村地区的村容村貌，推动美丽乡村建设。该标准的制定为河南省农村生活污水治理和环境管理提供了依据，进一步规范了河南省农村地区生活污水处理设施的设计、建设和运行管理，有利于推动各级党委、政府及相关部门开展农村生活污水处理设施的"统一规划、统一建设、统一运行、统一管理"，有效减少农村地区的生活污水乱排乱放，防治农村水环境污染，改善农村水生态环境，不断提升农村人居环境。

（2）环境效益

统计数据显示，2017 年河南全省乡村人口 5 409 万人，根据相关报道河南省外出务工农民工达 2 876 万人，常住人口约为 2 533 万人，按照农村人均生活污水产生量为 60 L/d 计，河南省农村生活污水总量为 55 473 万 t/a。截至 2017 年年底，河南省已完成农村环境综合整治的村庄约为 5 191 个，占比 11.1%，污水处理量约为 6 158 万 t/a，按此比例计算，河南省尚有 49 315 万 t/a 的农村生活污水需要进行处理。按照进水 COD_{Cr} 262 mg/L（调研数据平均值）、氨氮 59 mg/L（调研数据平均值）计，出水按一级标准计时，即执行 COD_{Cr} 60 mg/L、氨氮 8 mg/L，则实施本标准后 COD_{Cr} 可减排 9.96 万 t/a，氨氮可减排 2.52 万 t/a；出水按三级标准计时，即执行 COD_{Cr} 100 mg/L、氨氮 20 mg/L，则实施本标准后 COD_{Cr} 可减排 7.99 万 t/a，氨氮可减排 1.92 万 t/a。本标准实施后，在河南省农村地区生活污水全部有效收集处理的情况下，全省农村减少 COD_{Cr} 排放量为 7.99 万～9.96 万 t/a、减少氨氮排放量为 1.92 万～2.52 万 t/a。

5.3.6　标准实施的建议

为确保本标准的顺利实施，切实做到削减污染物排放、保护农村水生态环境、保障人体健康、不断提升农村人居生活环境，提出以下建议：

（1）加大农村生活污水治理资金投入力度

开展建设运行方面长效管理机制的研究，完善资金保障体系，建立以政府补助为主导的多元化运管经费分担机制。农村生活污水治理属于公益性事业，建议省级各相关部门设立处理设施运管省级财政专项资金，并明确列支处理设施运管资金的政策，市、县（区）级财政部门要做好设施运营经费保障。充分发挥市场机制，吸引社会资金。

（2）提升农村生活污水处理设施监管水平

建议相关单位推进农村生活污水处理设施运维智能化建设，建立远程监控平台，增加监管人员力量，开展日常巡查监测，建立常态化的水质监测、泥质监测和污泥处理处置动态跟踪制度，不断提升监管水平。

（3）配套制定标准相关规范、指南

结合河南省实际，组织制定河南省农村生活污水处理适用技术指南、运行管理规范等，指导农村污水处理设施的规划、设计、建设和运行管理。

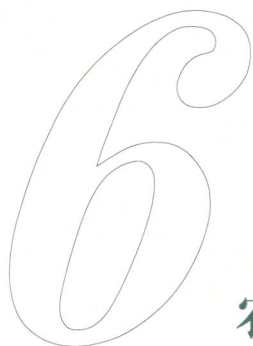

6 农村黑臭水体治理技术规范

6.1 标准工作简介

6.1.1 制定背景

建设美丽乡村是习近平生态文明思想的重要内容，农村黑臭水体破坏了农村地区的居住环境，阻碍美丽乡村建设，同时危害到了农村地区的安全用水。农村黑臭水体治理是实施农村人居环境整治和打好农业农村污染防治攻坚战的重要任务，是改善广大农村地区生态环境、增进广大农村地区人民群众生态福祉的重要举措，是重要的民生工程、生态工程。

2005 年以来，国家开始重视农村环境保护问题，并逐步制定相应的政策推进农村环境保护，其中农村污水处理是关键环节之一，从 2009 年开始，国家发展改革委、环境保护部、住房和城乡建设部等多部门连续印发了有关农村生活污水治理的相关政策文件。关于农村生活污水治理总体上分为四个阶段：第一个阶段（2009—2014 年），"以奖促治"政策重点支持农村环境污染治理，其中包括农村生活污水治理；第二个阶段（2015—2017 年），实行县域农村垃圾和污水治理的统一规划、统一建设、统一管理；第三个阶段（2018—2021 年），梯次推进农村生活污水治理，推进黑臭水体修复；第四个阶段（2022 年至今），推进农村污水资源化利用，探索低成本治理，统筹农村改厕和污水、黑臭水体治理，因地制宜治理。2018 年 2 月，《农村人居环境三年整治行动方案》首次提到农村黑臭水体治理，提出了"以房前屋后河塘沟渠为重点实施清淤疏浚，采取综合措施恢复水生态，逐步消除农村黑臭水体"的具体要求。2019 年 7 月，生态环境部会同水利部、农业农村部印发的《关于推进农村黑臭水体治理工作的指导意见》对农村黑臭水体治理作出了具体部署，明确了"到 2020 年，以打基础为重点，建立规章制度，完成排查，启动试点示范。到 2025 年，形成一批可复制、可推广的农村黑臭水体治理模式，加快推进农村黑臭水体治理工作。到 2035 年，基本消除我国农村黑臭水体"的任务要求。2021 年，《中共中央、国务院关于深入打好污染防治攻坚战的意见》再次针对农村黑臭水体治理提出目标要求——"到 2025 年要基本消除较大面积的农村黑臭水体"。2022 年 1 月，生态环境部等 5 部门联合印发《农业农村污染治理攻坚战行动方案（2021—2025 年）》，再次对农村黑臭水体治理作出详细部署，"明确整治重点，建立农村黑臭水体国家监管清单，实行'拉条挂账、逐一销号'；系统开展整治，以控源截污为根本，综合采取清淤疏浚、生态修复、水体净化等措施；推动长治久清，严禁表面治理和虚假治理，鼓励群众积极参与监督举报等"。

河南省地跨四大流域，又是农业大省，肩负着粮食安全保障的重要任务，农村地区分布面广、地形地势复杂，农村水环境差异大，农村环保及农业面源污染防治工作任务重，农村黑臭水体问题相对突出，给农村环境改善带来巨大压力。为做好河南省农村黑臭水体治理、改善农村生态环境，河南省生态环境科学研究院于 2019 年完成了《河南省农村黑臭水体现状调查研究》。该研究通过收集调查流域水系、农村、饮用水水源等的分布，筛选典型区域，开展现状调查，对黑臭水体分布现状、污染物特征、严重程度等进行分析统计，掌握其污染状况，按污染严重程度和不同污染来源对黑臭水体进行分类，对典型黑臭水体进行采样分析，综合分析结果对黑臭水体成因进行归类，并针对不同类型的黑臭水体提出治理建议。

2021 年 4 月，河南省生态环境厅决定开展河南省农村黑臭水体治理技术规范的制定工作，该项工作由河南省生态环境厅科技标准处牵头组织，河南省生态环境技术中心（原河南省生态环境科学研究院）作为主要技术承担单位，负责标准的具体研制工作。编制组以省生态环境厅农村黑臭水体管理台账为基础，同时参照 2019 年的研究情况，开展标准研究制定工作。2021 年 9 月 23 日，第三届中部六省标准化战略合作联盟会议在河南省洛阳市召开，会议以"标准化助力乡村振兴 推动农村人居环境"为主题，梳理了六省乡村振兴领域特别是农村人居环境领域重点地方标准，将《农村黑臭水体治理技术规范》纳入中部六省区域标准发展规划。

6.1.2　工作过程

（1）收集资料及现场调研

2021 年 4 月，标准编制组成立，开展前期资料收集工作。根据研究需要，收集整理农村黑臭水体治理相关的国家、各省份标准规范及相关政策文件，农村黑臭水体管理台账，河南省农村黑臭水体现状调查研究，黑臭水体治理技术等相关基础资料，并进行分类、整理、分析。

2022 年 1—8 月，选取郑州、周口、信阳、鹤壁、济源等豫中、东、南、北、西等不同地区开展调研，调研范围覆盖未治理、正在治理及已治理完成等不同治理阶段的河、塘、沟渠等不同类型水体 50 个，了解农村黑臭水体存在现状、治理现状及存在的问题，同时与中部其他五省充分对接，收集其黑臭水体治理资料及案例。

（2）标准立项及研究制定

2021 年 5 月，通过河南省市场监督管理局组织的立项评估，8 月，《农村黑臭水体治理技术规范》列入 2021 年河南省地方标准制修订计划，项目编号为"20211110016"。2021 年 9 月，在第三届中部六省标准化战略合作联盟会议上，将《农村黑臭水体治理技术规范》纳入中部六省区域标准发展规划。

2021 年 9—12 月，全面梳理分析中部六省农村黑臭水体管理台账，论证标准制定必要性，厘清标准制定思路，确定标准制定基本原则、技术路线和主要内容。经过多次研讨、咨询，形成了《农村黑臭水体治理技术规范开题报告》和《农村黑臭水体治理技术规范（草案）》。2021 年 12 月 22 日，通过河南省生态环境厅主持召开的《农村黑臭水体治理技术规范》开题报告论证会。

2022 年 3—12 月，根据《农村黑臭水体治理技术规范》开题报告论证会的专家意见和建议，结合现场调研、数据收集和汇总分析工作，先后组织研讨会 9 次、专家咨询会 2 次，对标准框架、技术内容、技术适用性等主要内容进行集中研究，形成标准文本 10 余稿。2022 年 8 月 23 日，河南省生态环境厅邀请中部其他五省生态环境部门及相关专家召开研讨会，就标准内容进行深入研讨，会后扩充标准编制组，充分吸纳其他五省意见，形成了《农村黑臭水体治理技术规范》及编制说明（征求意见稿）。

（3）征求意见

2022 年 9 月 8 日，在河南省地方标准公共服务平台进行 30 天的公开征求意见，同步征求其他五省意见。2022 年 12 月，征求河南省住房和城乡建设厅、农业农村厅、乡村振兴局、水利厅等部门意见，同时向各地市生态环境局、厅内部各处室征求意见。2023 年 1 月 13 日，通过河南省生态环境厅在郑州组织召开的专家论证会。根据专家意见和建议对标准文本和编制说明作进一步修改完善，形成了《农村黑臭水体治理技术规范》文本和编制说明（送审稿）。共收到修改意见和建议 65 条，其中有效意见 34 条。经研究，采纳或部分采纳 31 条，未采纳 3 条。

（4）标准审查

2023 年 7 月 7 日，河南省市场监督管理局和河南省生态环境厅在河南周口共同主持召开中部六省区域标准《农村黑臭水体治理技术规范》审查会，国家市场监督管理总局及安徽省、山西省、湖北省、湖南省、江西省市场监督管理局和生态环境厅相关部门人员参会，会上通过了标准审查。根据会议专家和部门意见和建议，对标准文本和编制说明作进一步修改完善，经审查会专家组长签字确认，形成《农村黑臭水体治理技术规范》文本和编制说明（报批稿）。

2023 年 9 月 15 日，本标准由河南省市场监督管理局批准发布，自 2023 年 12 月 14 日起实施。

6.1.3　总体思路

①系统性和根本性兼顾。在充分调研和参考借鉴省内外相关治理技术和环境管理要求的基础上，结合河南省农村黑臭水体的成因、特点、分布等实际情况，提出农村黑臭水体综合治理技术及长效维护管理要求，体现系统治理、标本兼治的原则。

②经济性和实用性兼顾。充分调研现有治理技术，借鉴省内外先进经验做法，结合河南省农村地区自然地理、社会经济等条件，提出经济适用、技术实用的治理技术规范要求。

③识别、治理、维护全过程原则。根据黑臭水体形成机理及成因，既提出治理技术要求，又提出后续维护和管理要求，面向农村黑臭水体整治单位和部门，不仅告诉其要做什么，更告知其为什么、怎么做，从而使标准在执行全过程有章可循。

6.1.4 技术路线

标准制定技术路线详见图 6-1。

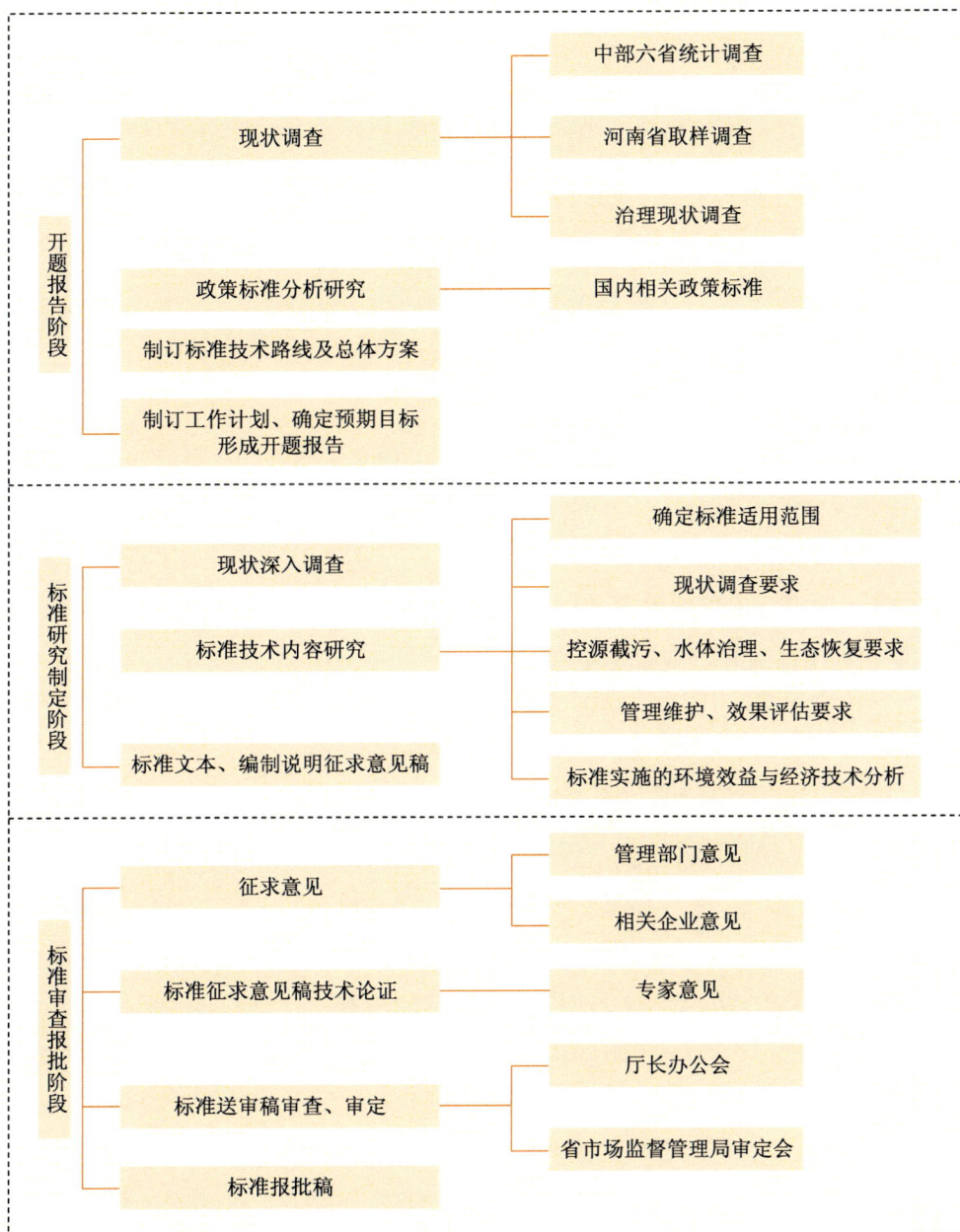

开题报告阶段	现状调查	中部六省统计调查
		河南省取样调查
		治理现状调查
	政策标准分析研究	国内相关政策标准
	制订标准技术路线及总体方案	
	制订工作计划、确定预期目标 形成开题报告	

标准研究制定阶段	现状深入调查	确定标准适用范围
	标准技术内容研究	现状调查要求
		控源截污、水体治理、生态恢复要求
		管理维护、效果评估要求
	标准文本、编制说明征求意见稿	标准实施的环境效益与经济技术分析

标准审查报批阶段	征求意见	管理部门意见
		相关企业意见
	标准征求意见稿技术论证	专家意见
	标准送审稿审查、审定	厅长办公会
		省市场监督管理局审定会
	标准报批稿	

图 6-1 标准制定技术路线

6.2 国内相关标准研究

6.2.1 国家相关标准

为贯彻落实《农村人居环境整治三年行动方案》《关于推进农村黑臭水体治理工作的指导意见》，指导各地组织开展农村黑臭水体治理工作，解决农村突出水环境问题，进一步增强广大农民的获得感和幸福感，2019 年 11 月，生态环境部发布了《农村黑臭水体治理工作指南（试行）》。

6.2.2 外省相关标准及文件

农村黑臭水体治理起步较晚，2018 年 5 月，安徽省率先开展农村黑臭水体的摸底排查工作，并印发了摸底排查工作方案；2018 年 8 月，湖南省住房和城乡建设厅等 4 部门联合印发了《湖南省农村黑臭水体整治工作指南》；2019 年 3 月，辽宁省沈阳市发布了《农村黑臭水体排查及治理技术方案》。其他部分省（市）针对城市黑臭水体出台了整治规范和防治技术指南等，具体见表 6-1。

表 6-1 黑臭水体治理相关标准文件

序号	省（市）	相关标准文件	执行时间
1	安徽	安徽省农村黑臭水体排查摸底工作方案	2018 年 5 月
2	湖南	湖南省农村黑臭水体整治工作指南	2018 年 9 月 1 日
3	沈阳	农村黑臭水体排查及治理技术方案	2019 年 3 月 1 日
4	江苏	江苏省农村黑臭水体治理技术指南	征求意见阶段
5	山东	山东省农村黑臭水体治理行动方案	2021 年 4 月 20 日
6	国家	城市黑臭水体整治工作指南	2015 年 8 月 28 日
7	广东	城市黑臭水体治理规划编制规范	征求意见阶段
8	吉林	吉林省城市黑臭水体整治技术导则	2016 年 12 月 25 日
9	天津	天津市城市黑臭水体治理技术导则	2018 年 10 月 1 日
10	沈阳	沈阳市城市黑臭水体整治技术导则	2018 年 12 月 3 日

6.2.3 相关标准协调性

城市黑臭水体治理工作起步早，国家及各省（市）出台了标准层面的技术指南、规范、标准等。目前，城市黑臭水体治理取得较大成效，积累了大量的经验与教训。农村黑臭水体治理工作起步晚，本标准衔接国家农村黑臭水体治理工作指南，弱化了排查识别界定、方案制订等内容，强化了水体治理、生态修复等具体技术方法内容，吸取了城市黑臭水体治理相关标准中成熟且适用于农村的技术方法。本标准是推荐性标准，既为农村黑臭水体治理提供技术指导，也留出探索实践空间。相关标准协调性对比见表 6-2。

表 6-2　相关标准协调性

序号	标准名称	标准内容	标准特点
1	本标准	规定了农村黑臭水体治理的总体要求、现状调查、控源截污、水体治理、生态修复、管理维护及效果评估	以国家指南为依据，提出具体水体治理技术方法
2	国家《农村黑臭水体治理工作指南（试行）》	规定了农村黑臭水体的识别和排查、治理方案制定、治理措施的关键要点、试点示范、治理效果评估	内容全面，侧重于整体工作指导
3	国家《农村黑臭水体治理工作指南》（修订征求意见稿）	完善了排查整治要求，增加了成因分析，强化了污染源治理要求和水体长效管护机制，规范了治理效果监测评估	增加了成因分析，强化长效管护机制及治理效果监测评估
4	《湖南省农村黑臭水体整治工作指南》	规定了农村黑臭水体识别、判定、整治技术、工程施工、效果验收、保障措施	发布早，以城市黑臭水体治理指南为参考，侧重于整体工作指导
5	《江苏省农村黑臭水体治理技术指南》（征求意见稿）	规定了农村黑臭水体排查、治理技术、效果评估、长效管理	提出分级管理、分类治理、分期推进的治理原则，内容全面
6	《山东省农村黑臭水体治理行动方案》	农村黑臭水体治理的总体要求、重点任务及保障措施	以国家指南为依据，提出分阶段治理目标要求

6.3　标准主要技术内容

以《农村黑臭水体治理工作指南（试行）》（环办土壤函〔2019〕826 号）及《农

村黑臭水体治理工作指南》（修订征求意见稿）为基础，以城市黑臭水体治理相关技术中成熟且适用于农村的治理技术为参考，结合区域农村黑臭水体现状特点，提出符合农村特点的治理技术规范，作为推荐性标准，既给予技术指导，又为后续治理工作留出探索、实践空间。

6.3.1 内容框架

依据《农村黑臭水体治理工作指南（试行）》，选取其中"方案编制"中的现状调查、污染源调查、治理工程及长效管理中的部分内容，并结合治理工作思路，规定了现状调查、污染治理、生态修复、管理维护及效果评估等内容。

（1）现状调查

以《农村黑臭水体治理工作指南（试行）》为基础，按照水资源、水环境、水生态"三水统筹"的思路，细化了水资源有关的水文调查、水环境有关的水质调查及水生态有关的岸线和水生植物调查，明确了影响治理技术选择的污染源调查内容，以及造成水体黑臭的成因分析应包含的基本内容。

（2）污染治理

农村黑臭水体治理是系统工程，外部污染源控制是其中的基础工程。针对中部六省农村黑臭水体污染源特点，本标准给出了污染治理的一般要求、外部污染源的类型及控制或治理技术要求、底泥治理关键技术类型及要求、水体治理的关键技术类型及要求。

①控源截污：根据农村黑臭水体现状分析结果，农村黑臭水体的主要外部污染源类型包括农村生活污水、农村生活垃圾（其中水面漂浮物归入此类）、畜禽养殖、种植业污染、工业废水、水产养殖六大类型。

②底泥治理：由于污染成因及黑臭程度不同，并非所有的黑臭水体治理均需开展清淤，且存在部分相对封闭且难以实施清淤的农村黑臭水体，因此，本标准主要给出了底泥清淤及原位修复技术要求。

③水体治理：考虑农村黑臭水体类型、面积特点，及其污染因素多样、污染程度不一，不宜采用城市污水处理常见的"高大上"的污水处理方式。本标准中提出了适合农村黑臭水体治理的增氧曝气、水系连通、混凝沉淀和生化处理等水体治理技术。增氧曝气和水系连通可从根本上解决黑臭水体富氧能力差的问题；混凝沉淀和生化处理主要解决现有水体水质问题。

（3）生态修复

2020 年发布的《全国重要生态系统保护和修复重大工程总体规划（2021—2035年）》提到当前和今后一段时期全国重要生态系统保护和修复重大工程的基本原则之一就是要坚持"保护优先，自然恢复为主"。生态修复着力于解决农村黑臭水体治理的长效保持问题，本标准提出了自然修复、水体生态修复和生态护岸建设三部分内容，明确关键的生态修复技术类型及要求，并在一般要求中提出不同类型水体的生态修复方法。

①自然恢复：小微型坑塘及季节性黑臭水体是农村黑臭水体的一大特征，该部分水体因其具有面积小、季节性强的特点，不宜采用人工湿地、生态浮岛等投入大、管护要求高的修复方法，本标准提出该类型水体宜采用自然恢复的方法。

②水体生态修复：随着农业农村污染治理攻坚战的推进，农村黑臭水体外源基本可得到控制。农村地区土地条件相对充足，为保持水体长治久清、实现水体自净功能，本标准提出了人工湿地、生态沟渠、生态塘、生态浮床等 4 种用于水生态修复的措施。

③生态护岸：为减少降雨径流对水体岸坡侵蚀、增强水体与土壤相互渗透、促进植物生长和生态修复、保持黑臭水体水质，本标准给出了生态护岸的类型、设计建设应符合的标准要求及应用要求等。

（4）管理维护及效果评估

①管理维护：是农村黑臭水体治理效果长效保持的关键，本标准中明确了常态化管理维护的内容要求及突发水体黑臭情况的处理技术要求。

②效果评估：完成农村黑臭水体治理闭环的关键一环，本标准明确了验收评估和效果评估的内容和要求。

农村黑臭水体治理工作流程见图 6-2。

6.3.2 适用范围

2021 年 9 月 23 日，第三届中部六省标准化战略合作联盟会议在河南省洛阳市召开，会议以"标准化助力乡村振兴　推动农村人居环境"为主题，梳理了六省乡村振兴领域特别是农村人居环境领域重点地方标准，将本标准纳入中部六省区域标准发展规划，本标准由河南省地方标准上升为中部六省互认的区域标准。因此本标准适用于中部六省农村黑臭水体的治理工作。

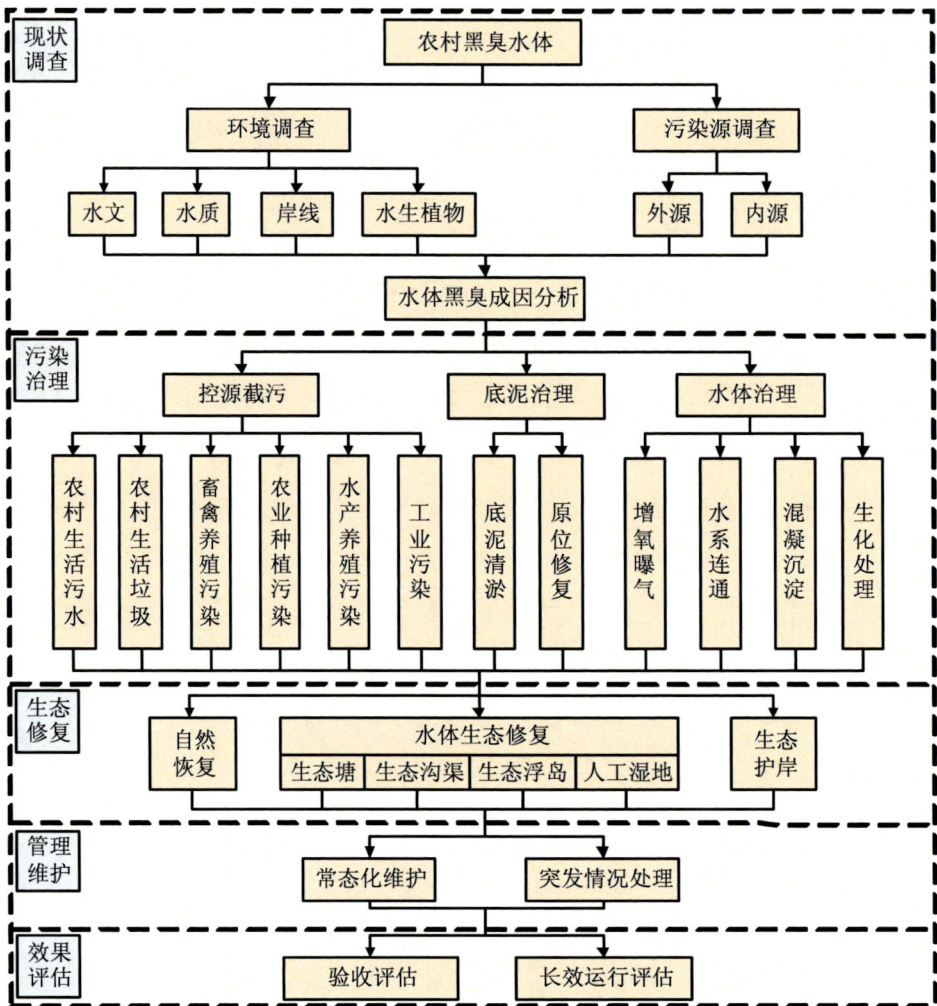

图 6-2　农村黑臭水体治理工作流程

《农村黑臭水体治理工作指南（试行）》中对于农村黑臭水体的识别范围认定为"县（市、区）行政村（社区）范围内村民主要集聚区适当向外延伸，南方 200～500 m，北方为 500～1 000 m 区域内"，本标准着重于对农村地区已判定为黑臭水体的治理，因此，对黑臭水体的范围概括为"农村居民生活集聚区周边"。

6.3.3　总体要求

（1）治理原则

①系统治理，统筹推进。以消除农村黑臭水体为目标，系统开展水环境治理、水资

源保障和水生态修复，统筹推进农村生活污水、农村生活垃圾、畜禽养殖、农业种植、水产养殖、工业企业等污染源治理。

②管控先行，标本兼治。以控源截污、底泥治理、水体治理为基础，结合水体生态修复和生态护岸建设，做好治理后管理维护，多措并举，标本兼治，长效保持。

③因地制宜，经济适用。根据水体黑臭程度、污染成因和治理目标的不同，综合考虑村庄自然特征、经济发展水平、环境改善需求，选择经济适用的技术方法，坚持"一水一策"。

④利用优先、绿色安全。立足农村生活生产实际，采取资源化利用、生物生态治理措施，保持农村自然风貌。治理过程中应避免对水生态环境造成不利影响。

（2）治理目标

依据《农村黑臭水体治理工作指南（试行）》，指出农村黑臭水体治理应达到感官目标、理化目标和社会目标。

6.3.4 底泥治理技术

农村地区的黑臭水体多数由于污水或雨水携带地面垃圾长期汇入导致底泥淤积，形成内源污染。底泥中容纳大量污染物，在一定条件下，淤积在底泥中的存量污染物释放到上覆水体中，即使切断外来污染源也无法改变水体黑臭问题，则应考虑对底泥开展治理。依据底泥处理位置的不同，分为底泥清淤和原位修复。河道底泥治理应在充分了解底泥污染程度、污染特性及水体周边场地条件、处理能力等的基础上，选择一种或多种处理方式。

（1）清淤疏浚

常见的清淤方式分为排干清淤和水下清淤。

排干清淤是通过构筑临时围堰排干水后，采用干土挖掘机或水力冲挖机进行清淤的方式，包括干土挖掘清淤、水力冲刷清淤。干土挖掘清淤是排干作业区水后，采用挖掘机进行开挖，挖出的淤泥直接由渣土车外运或放置于岸上的临时对方点，该方法特点是清淤彻底、对设备和技术要求不高、产生的淤泥含水量低、后期易处置；水力冲挖清淤是利用高压水枪冲刷底泥，将底泥扰动成泥浆，后利用泥浆泵抽取、管道输送，将泥浆输送至岸上的堆场或集浆池，该方法特点是机具简易、输送方便但泥浆含水率高、后期处置难度大且施工环境恶劣。排干清淤适用于无防洪、排涝、航运功能且流量较小的河道、沟渠、塘等。

水下清淤是通过将清淤机械装备在船上，由清淤船作为施工平台在水面上操作清淤设备开挖淤泥，并通过驳泥船或管道输送到淤泥堆场的方式，主要包括抓斗式、绞吸式、斗轮式、链斗式等。抓斗式清淤是利用抓斗插入底泥并闭斗抓取水下淤泥，后通过驳泥船运输至淤泥堆场，该方式特点是灵活机动、施工简单、施工过程易组织，适用于厚度大、施工区域障碍物多的中、小型河道；普通绞吸式清淤是利用装在绞吸式挖泥船前的桥梁前缘绞刀的旋转运动，搅动底泥，形成泥浆，通过船上的离心泵和输送管道将泥浆输送到堆场，该方式特点是可采用 GPS 和回声探测仪进行施工，施工精度较高，但泥浆含水率高、淤泥堆场面积大，适用于泥层厚度大的中、大型河道清淤；斗轮式清淤是利用装在斗轮式挖泥船上的专用斗轮挖掘机进行水下挖掘，淤泥通过大功率泥泵吸入输泥管道输送至堆场，该方式特点是施工精度高、不影响通航，但逃淤、回淤情况严重，清淤不彻底，适用于泥层厚、工程量大的中、大型河道、湖泊等；链斗式清淤是利用一连串带有挖斗的斗链，借助导轮的带动，在斗桥上连续转动，使泥斗在水下挖泥并提升至水面以上，通过一系列排泥设备转移至驳泥船，该方式的特点是挖掘截面规则、精度高、泥浆含水率低，但排泥设备多、输送工序复杂、易产生底泥扩散。近年来提得较多的环保清淤也属于水下清淤，对清淤精度和防止二次污染要求高的清淤方式，常见的环保清淤方式为环保绞吸式清淤，因环保绞刀头具有防止淤泥泄漏和扩散的功能，可以疏浚较薄的污染底泥且对底泥扰动小、避免了污染淤泥的扩散和逃淤、底泥清除率可达 95%以上，同时环保绞吸式挖泥船具有高精度定位技术和现场监控系统，确定是成本高、对水位有要求。常见的底泥清淤疏浚技术见图 6-3。

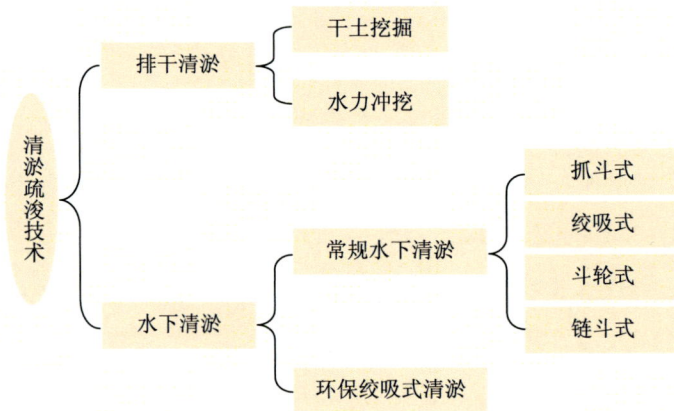

图 6-3

干土挖掘清淤　　　　　　水力冲挖清淤　　　　　　抓斗式清淤

绞吸式清淤　　　　　　链斗式清淤　　　　　　环保绞吸式清淤

图 6-3　常见的底泥清淤疏浚技术

不同清淤技术特征、优缺点、适用水体类型等见表 6-3。

表 6-3　不同清淤疏浚技术特征

序号	技术类型	典型技术	技术原理及特征	费用	优缺点	适用水体类型	是否推荐
1	排干清淤	水力冲挖	排干河道，高压水枪冲刷形成泥浆，泵吸输送	中	清除效率高，不影响水质，底泥易处置	河道、沟渠、坑塘	否
2		干土挖掘	排干河道，挖掘机直接挖除	高		河道、沟渠、坑塘	是
3	水下清淤	抓斗式	抓斗挖泥，回旋至旁边的驳泥船，开挖、回旋、卸泥循环作业	低	能在短时间内解决黑臭水体底泥问题，但水体环境遭到严重破坏且清淤过程中易造成污染物的扩散	河道、坑塘	是
4		斗轮式	斗轮挖掘机开挖水下淤泥，同时利用船上大功率泥泵吸泥输送	中		河道、坑塘	否
5		链斗式	多个挖斗组成的斗链，进行水下挖掘，并提升至水面，通过系列排泥设备输送至堆场	高		河道、坑塘	否
6		绞吸式	绞刀的切割搅动使底泥形成泥浆，利用离心泵吸取泥浆并输送至岸上	中		河道、坑塘	否
7		环保清淤	在传统绞吸式清淤设备基础上，对绞刀进行改造	相对较高	清淤过程中不会对底泥进行扰动，极少发生底泥污染扩散的现象，但对设备要求较高	河道、坑塘	是

根据黑臭水体的污染成因及黑臭程度的不同，并非所有的黑臭水体治理均需要开展清淤疏浚，因此本标准给出了清淤疏浚技术的适用水体特征要求。农村黑臭水体清淤，考虑治理后的水体功能，优先选择生态清淤，清淤深度 0.3～0.5 m；其次，农村黑臭水体以坑塘、沟渠为主，且水面较小，可利用枯水期水量少甚至干涸的特点，采用干法清淤。对于部分常年有水的河道型黑臭水体，在不易排干水的情况下，采取环保绞吸式清淤，清淤设施选择、清淤的深度应结合底泥调查情况确定。

（2）原位修复

原位修复（治理）技术是指在基本不破坏水体底泥自然环境的情况下，直接在底泥上采取物理、化学或生物修复的方法进行稳定或去除污染物的方法。原位修复（治理）技术适用于污染程度较轻或水体、场地条件难以实施清淤的底泥治理。依据原位修复（治理）原理的不同，分为物理处理、化学处理、生物修复。

物理处理，也称底泥覆盖技术，原理是通过覆盖一层适宜的覆盖材料将水体与底泥进行阻隔，以达到减少底泥污染物向上覆水体迁移释放的目的。常见的底泥覆盖材料有天然功能土、粉煤灰、改性材料等。该方法不能彻底清除污染物，且覆盖材料增加底泥厚度、改变河床坡度，对水体的泄洪蓄水存在潜在影响。

化学处理是通过向底泥中投加化学药剂，固定或转化底泥中的污染物，从而降低底泥污染程度。根据化学药剂的作用和性质，分为氧化还原技术和钝化技术。氧化还原技术是利用氧化还原试剂使底泥污染物发生氧化还原反应而去除，常用的氧化剂有硝酸钙、高锰酸钾、过氧化氢等。钝化技术是利用钝化药剂捕获水中污染物，降低水中污染物浓度，沉降到底泥后形成钝化覆盖层，抑制底泥悬浮，常用的钝化剂有铝盐、钙盐、铁盐等。

生物修复是利用微生物、动植物的代谢作用将底泥中的污染物分解、转化固定成无害物质。相较物理、化学处理，生物修复适应性强、廉价且对环境干扰少，常用的生物修复技术有微生物修复、植物修复。

不同原位修复技术特征见表 6-4。

表 6-4　不同原位修复技术特征

序号	技术类型	典型技术	技术原理及特征	主要技术参数	费用	优缺点	适用水体类型	是否推荐
1	微生物修复	微生物菌剂	水体中加入微生物菌剂，利用菌剂的氧化还原等作用降解水体污染物	菌群种类投加量	成本较低	不会对环境造成二次污染，但其处理效率较低	沟渠、坑塘	是
2	植物修复	生态浮床	利用植物、微生物生长代谢来实现污染物的去除	植物、微生物种类等	投资小	能有效去除水体中的污染物，施工简单，工期短	河道、坑塘	是
3	物理处理	底泥覆盖技术	利用绿色无污染材料覆盖于底泥上，使其与上覆水体间形成物理间隔从而减缓底泥向上覆水体中释放污染物质	材料种类等	成本较高	可有效抑制底泥中重金属及有机污染物向覆水体释放，但工程量大	坑塘、沟渠	否
4	化学处理	底泥改善	靠化学试剂的氧化还原及钝化、稳定化固定作用抑制底泥中各类污染物进入上覆水体	试剂种类投加量等	成本较高	改善底泥污染情况、提高溶解氧	河道、坑塘、沟渠	否

6.3.5　水体治理技术

水体治理技术主要包括两个方面，一方面是改善水动力条件，常用的有增氧曝气技术、水系连通技术；另一方面是改善水质，常见的有混凝沉淀技术、生化处理技术。

（1）增氧曝气

增氧曝气通过向黑臭水体中充入氧气或空气、增加水体溶解氧含量来促进水体中污染物分解，改善或恢复水体生态环境。增氧技术具有提高水体中好氧生物活性、不添加化学药剂、不造成二次污染等优势，适用于流动缓慢或封闭的水体，消除水体黑臭或维持水质。根据水体水质改善的目标（如消除黑臭、改善水质、恢复生态等）、水文水力条件（封闭或流动、流速、水深）、水体功能要求（蓄洪、灌溉、景观等）、污染源特征（持续污染、冲击污染）等因素，选择不同的增氧曝气方式。

根据增氧动力条件的不同，分为自然增氧和人工增氧。自然增氧方式包括跌水曝气和太阳能曝气，人工增氧方式包括纯氧曝气、鼓风曝气、潜水射流曝气、表面机械曝气、微纳米气泡曝气、移动曝气、转刷型曝气等方式。

在农村黑臭水体治理中，较常用的增氧曝气技术包括跌水曝气、鼓风曝气、机械曝气、转刷型曝气，从技术原理及特征、关键技术参数、优缺点及适用水体类型等方面进行比选，各类增氧曝气技术特征见表 6-5。

表 6-5　不同增氧曝气技术特征

序号	典型技术	技术原理及特征		主要技术参数	费用	优缺点	适用水体类型	是否推荐
1	跌水曝气	利用水体水力势头来进行曝气充氧，无能量消耗		跌水高度、跌水宽度、跌水深度、跌水流量、布水方式	低	不需要专用的曝气设备以及能源消耗，但对地形及水力条件要求较高，部分水体需进行人工改造	河道、沟渠	是
2	鼓风曝气	微孔曝气（微纳米）	鼓风机将空气送至水底复氧装置，以气泡的形式进入水中（在合适条件下可采用太阳能进行供能）	风机功率、曝气类型、服务面积	高	复氧效率高，但易堵塞、维护困难且受水位影响较大	坑塘	是
		中、大孔曝气				工艺简单但复氧效率低，维护困难、占地面积较大		
		动态曝气				不易堵塞但复氧效率低，维护困难，占地面积较大		
3	机械曝气又称表面曝气	叶轮吸气推流曝气	借助机械设备使水体液面不断更新，与空气接触，提高水体溶解氧；纯氧曝气是用纯氧代替空气	设备功率、扇叶类型、氧浓度等	一般	复氧效率高、占地面积小、受水位影响小，但叶轮极易缠绕	河道、坑塘	是
		纯氧混流增氧曝气			较高	复氧效率高、占地面积小、不易堵塞		
4	转刷型曝气	生物转盘	传动装置带动转轴旋转，使转盘/笼体水体和空气不断交替"浸没-暴露"，提高水体溶解氧；同时转盘与转笼填料上附着大量微生物可有效去除水体中污染物（适宜条件可利用太阳能）	转速、设备尺寸挂膜材料等	一般	复氧效率高、设备简单，但生物膜易脱落影响性能	坑塘、沟渠	是
		生物转笼				具备生物转盘相应的优点并强化了微生物的去除作用		

农村黑臭水体的判别因子要求中，溶解氧不低于 2 mg/L，透明度不低于 25 cm，依据判别因子要求，本标准给出了增氧设备运行稳定后溶解氧浓度的保持要求。

（2）水系连通

水系连通包括河道开挖、涵管连通、围堰拆除、小型引排水设施等方式。不同水系连通技术特征见表 6-6。

表 6-6 不同水系连通技术特征

序号	典型技术	技术原理及特征	主要技术参数	费用	优缺点	适用水体类型	是否推荐
1	河道开挖	针对历史上是连通河道，后被人类侵占、填埋形成的沟渠，通过开挖河道疏通河道	宽度、深度	大	工程量大、生态扰动大	河道	是
2	涵管连通	针对历史上未连通的河道、沟渠，被修路、填埋等形成的坑塘，通过埋设涵管，恢复水系连通性	埋设深度	小	工程量小、需做测绘	河道、沟渠、坑塘	是
3	围堰拆除	针对围堰造成水体缓流或滞留的水体，采取围堰拆除的方式，恢复水系连通性	水力坡度	中	连通效果明显，但需考虑当地水系情况	河道	是
4	小型引排水设施	针对坑塘独立封闭水体，采用小型引排水设施，加强水体循环	循环周期	中	灵活机动，但需注意循环周期	坑塘	是

根据现状调查结果，农村黑臭水体以中小型、坑塘和沟渠等封闭型或流动性较差的水体为主，水系的恢复可从根本上解决黑臭水体富氧能力差的问题。但水系恢复涉及的面宽，需综合考虑当地的水系历史沿革、自然条件、水利基础、社会发展、农村水利规划、河道整治规范等。且农村地区水系恢复应避免采用城市水体治理中的引水造景、截弯取直等方式。

（3）混凝沉淀

混凝沉淀技术是通过向黑臭水体中投加絮凝剂，吸附架桥和压缩双电层功能，与上覆水中难以沉淀的物质聚合成胶体，进而与水体中的杂质（悬浮物、部分细菌和溶解性物质）结合形成更大的絮凝体，加速胶体的凝结和沉降，从而达到使水体澄清的效果。混凝沉淀法具有运行方便、费用较低、设计简单的特点，适用于腐殖质和悬浮污染物等引起的重度污染的预处理及应急处理。混凝沉淀法的核心在于根据水体水质特征及场地条件，合理选择沉淀工艺、絮凝剂和助凝剂类型与投加量，并应考虑对水生生态环境的不利影响，以及絮凝沉淀后泥渣的妥善处理。

混凝沉淀技术包括一般的混凝沉淀和超磁混凝沉淀。两种技术的原理特征、技术参数及优缺点，详见表 6-7。

表 6-7　不同混凝沉淀技术特征

序号	典型技术	技术原理及特征	主要技术参数	费用	优缺点	适用水体类型	是否推荐
1	混凝沉淀	选用无机絮凝剂和有机阴离子配制成水溶液加入废水中，其产生的压缩双电层使废水中的悬浮微粒失去稳定性，胶粒物相互凝聚使微粒增大，形成絮凝体。絮凝体长大到一定体积后即在重力作用下脱离水相沉淀，从而达到污水处理的效果	混凝剂种类、助凝剂	中	适用于腐殖质和悬浮物等引起的农村黑臭水体的异位处理、应急处理	坑塘、沟渠	是
2	超磁混凝沉淀	在混凝沉淀工艺中同步加入磁粉，使之与污染物絮凝结合成为一体，以加强混凝、絮凝的效果，使生成的絮体密度更大、更结实，从而达到高速沉降的目的。磁粉可以通过磁性材料回收循环使用	磁粉种类、搅拌强度、搅拌时间、絮凝剂类型、磁场强度	中	快速提高透明度、占地面积小、快速去除悬浮污染物，应急处理效果好，但对溶解性污染物去除效果一般	河道、坑塘、沟渠	是

（4）生化处理

生化处理技术是采取人工措施创造有利于微生物生长、繁殖的环境，使微生物大量繁殖，利用微生物的新陈代谢功能，降解水中呈溶解和胶体状态的有机污染物，从而达到净化水质的目的。常用的生物处理技术有活性污泥法、生物膜法、微生物强化法等。

①活性污泥法：活性污泥法是当前应用最为广泛的一种生物净化水质技术。活性污泥是一种由无数细菌和其他微生物组成的絮凝体，其表面具有多糖类黏质层，通过将废水与活性污泥（微生物）混合搅拌并曝气，利用活性污泥的生物聚集、吸附、氧化作用，分解去除污水中的有机污染物。活性污泥法在黑臭水体水质净化中，需在水体外建立独立的污水处理系统，将污水抽出进行单独处理，净化后返回水体。具有占地小、抗

冲击能力强、设计灵活、处理效果好等优点。常见的为传统活性污泥法，即 A/O/A²/O、氧化沟法、序批式活性污泥法（SBR）等。

②生物膜法：生物膜法是通过污水与生物膜接触，进行固液相的物质交换，利用膜内微生物摄取水中有机污染物，净化水质，同时膜内微生物自身得到繁衍增殖。生物膜法在黑臭水体水质净化中，既可以在水体中投加生物载体进行原位处理，又可以在水体外建立独立系统。生物膜法具有耐冲击负荷、对水质水量变动适应性强、易于管理且无污泥膨胀问题等优点。根据生物反应器系统的不同，常见的有生物滤池、生物转盘、生物接触氧化床（池）和生物流化床等。

③膜生物法：把生物反应与膜分离相结合，以膜为分离介质代替常规重力沉淀固液分离获得出水，并能改变反应进程和提高反应效率的污水处理方法，简称 MBR 法。该方法的处理装置是采用超滤膜代替二沉池进行污泥固液分离的膜生物反应器，是膜分离技术与活性污泥法的有机结合。

④微生物强化法：微生物强化技术是指通过接种高效降解菌或增加营养盐等方式提高微生物代谢活动以达到去除污染物的过程。根据利用微生物的不同，分为外源微生物投加技术和微生物促生技术。外源微生物投加技术是直接向治理水体中投加由一种微生物或由多种微生物组成的微生物制剂，加快水体污染物降解和转化，微生物菌剂是按适当比例组合配置从自然界筛选高效菌种或利用生物工程技术处理后的菌株得到具有特殊功能的生物制剂。目前，常用的菌种有芽孢杆菌、光合细菌、硝化细菌、反硝化细菌。微生物促生技术是通过向水体投加微生物促生剂，营造微生物顺利完成自然降解过程的环境，选择性促进污染水体中功能微生物的生长，强化水体自净能力，加速有机污染物的分解。微生物促生剂是利用微生物促生技术、微生物解毒技术和小分子有机酸提炼技术，将矿物质、有机酸、酶、维生素和营养物质等混合制成的生物制剂。

各种技术的原理特征、关键技术参数、优缺点及适用水体类型等详见表 6-8。

考虑农村黑臭水体中坑塘、沟渠、河道等自然水体特点，且其水体水质污染程度不一，不适宜采用城市污水处理中常见的"高大上"的污水处理方式。本标准提出了针对农村黑臭水体治理的生物处理设备技术，并给出了适用水体特征。本标准仅给出处理工艺类型建议，在实际治理工程中，具体的工艺选型应结合水体水质特征及场地条件作出选择。

表 6-8　不同生物法治理技术特征

序号	技术类型	典型技术	技术原理及特征	主要技术参数	费用	优缺点	适用水体类型	是否推荐
1	活性污泥法	A/O	缺氧段，异养菌将蛋白质、脂肪等污染物进行氨化游离出氨；好氧段，自养菌的硝化作用将氨氧化为硝态氮，通过回流返回缺氧段，异氧菌的反硝化作用将硝态氮还原为分子氮	污泥回流比、溶解氧浓度、温度、水力停留时间、污泥浓度、污泥负荷率等	运行费较低	系统简单、能有效去除水体中的污染物但想进一步提升脱氮除磷效果需增加运行成本，且具有一定程度的季节性影响	河道	是
		A²/O	原理同 A/O，比 A/O 工艺增加厌氧池以强化脱氮除磷效果				河道	是
		SBR	运行上有序和间歇操作。运行方式和反应过程上有别于传统的活性污泥法，集进水、厌氧、好氧、沉淀于一池，无污泥回流系统，以灵活地变换运行方式适应不同类型废水的处理要求。采用时间分割替代空间分割、非稳定生化反应替代稳态生化反应、静置理想沉淀替代传统动态沉淀	污泥负荷率、污泥浓度、水力停留时间、周期进水量等	较高	理想的推流过程使生化反应推动力增大，效率提高；运行效果稳定、耐冲击负荷、运行灵活、处理设备少、构造简单，便于操作和维护管理；但自动化控制要求高，后处理设备要求高，对滗水器的要求高	河道	是
2	生物膜法	生物接触氧化法	污水与生物膜接触，在生物膜上微生物的作用下，使污水得到净化；特征是在池内设置填料，池底曝气对污水进行充氧，并使池体内污水处于流动状态，以保证污水与污水中的填料充分接触，避免污水与填料接触不均	填料、溶解氧、温度、pH、水力停留时间	成本高	净化效率高、处理时间短，对进水有机负荷的变动适应性较强；不必进行污泥回流，无污泥膨胀问题；运行管理方便。主要缺点是池内填料间的生物膜会出现堵塞	河流、沟渠、坑塘	是
		生物转盘	菌类、原生动物等在生物转盘载体填料上生长繁育，形成生物膜，曝气复氧时净化污水	转速、设备尺寸、挂膜材料	一般	提升溶解氧、净化水质，设备简单；但微生物膜易脱落影响性能	河流、沟渠、坑塘	是

序号	技术类型	典型技术	技术原理及特征	主要技术参数	费用	优缺点	适用水体类型	是否推荐
2	生物膜法	生物滤池	以土壤自净原理为依据，由碎石或塑料制品填料构成生物处理构筑物，污水与填料表面上生长的微生物膜间隙接触，使污水得到净化	填料种类、水力停留时间	投资省	占地面积小、处理效果好，但脱氮碳源不足和缺氧区域形成受限仍然是制约其发展的关键问题	河流、沟渠、坑塘	是
		移动床生物膜反应器（MBBR）	向曝气池内投加适量密度与水相近的悬浮填料，污水连续通过反应器时，在曝气池水流和气流的共同作用下，填料旋转翻滚呈流化状态，可以与污水充分接触且可以在填料上附着并生长繁殖，填料可以对微生物起到富集作用，从而达到更高效去除污染物的目的	填料种类、填料填充度、水力停留时间	成本高	容积负荷高、耐冲击性强、运维便利且不易堵塞，但对氨氮的处理效果一般	河流、沟渠、坑塘	是
3	膜生物法	膜生物反应器（MBR）	由活性污泥法与膜分离技术相结合，取代了传统工艺中的二沉池	曝气强度、污泥浓度、污泥回流比、膜材料、水力停留时间	成本高	净化效果好、占地面积小、剩余污泥少、运维便捷，但较易受环境影响，易产生膜污染	河流、沟渠、坑塘	否
4	微生物强化法	微生物菌剂	向水体中加入微生物菌剂，利用菌剂的氧化还原等作用降解水体污染物	菌群种类、投加量	成本较高	不会对环境造成二次污染，但其处理效率较低	沟渠、坑塘	是
		生物促生剂	利用生物酶或其他物质促进水体内微生物大量繁殖代谢，在微生物的作用下实现污染物的去除	促生剂类型、投加量				

6.3.6　生态修复技术

生态修复技术是指通过人为措施构建近自然状态的水生态系统，将污水中的污染物质转移或转化为其他物质，达到消除或降低水中污染物的目的，按照"问题在水里、根子在岸上"的思路，着力解决农村黑臭水体的根源及长效保持问题，生态修复部分主要提出了自然恢复、水体生态修复和生态护岸建设三部分。

（1）自然恢复

本标准立足问题思维，最大限度地减少治理过程中的弯路，坚持"近自然恢复"理念，考虑农村黑臭水体面积小、季节性有水、季节性黑臭的特征，提出自然恢复的生态修复方法。

（2）水体生态修复

水体生态修复着重于结合水体所在区域的土壤、温度、光强、流速、水深、水质等条件，优先选择土著物种，根据修复目的、水体功能、各种水生植物的生长季节、生长特征，配置各层的优势种群，最大限度地发挥各项水生植物的功能，从而构建适宜的水生生物群落，稳定水生态系统。常见的水生生态系统构建技术有人工湿地、生态沟渠、生态浮岛等。

①人工湿地：人工湿地宜用于污染较轻黑臭水体的治理与水质保持。依据水质、目标要求选择工艺组合，依据场地条件选择原位净化或异位净化。宜采用能够为植物和微生物提供良好生长环境、具有良好透水性的填料。根据水质条件选择根系发达、输氧能力强且具有景观与净化效果的植物，宜优先选择土著植物。人工湿地进水悬浮性污染物及有机物浓度过高时，应采取相应的预处理和维护措施，避免堵塞和植物根系腐烂。

②生态沟渠：生态沟渠是一种利用水文、水力和生态学原理的工程措施，采用自然沟渠的原理，通过改变沟渠的形状和结构，通过控制水流的速度，使水体在沟渠中停留时间延长，从而增加沉淀污染物的机会。当水流速度减慢时，颗粒物和悬浮物会逐渐沉淀下来，减少水体中的速度和悬浮物含量，且沟渠中的屏障结构也可有效减缓水流速度，提高沉淀效果。生态沟渠在农田排水和水生态修复等方面具有广泛的应用前景。

③生态塘：生态塘是利用生态学原理，通过在水塘中种植水生植物，进行水产和水禽养殖形成的人工生态系统，在太阳能推动下，通过生态塘中多条食物链的物质迁移、转化和能量的逐级传递和转化，对进入塘中的污水进行净化的人工湿地系统。用于处理污水的生态塘，可分为厌氧塘、兼性塘、好氧塘、水生植物塘、养鱼塘，根据塘的面积、深度等，通过不同的组合形成多种生态塘系统。生态塘特点是可充分利用地形，实现污水资源化和再利用，能耗低、维护方便、成本低、污泥产生量少，但管护不当易产生不良气味、滋生蚊蝇，且其中水生植物受气候影响大。

④生态浮岛：又称人工浮床、生态浮床，以水生植物为主体，运用无土栽培技术原

理，以高分子材料等为载体和基质，应用物种间共生关系，充分利用水体空间生态位和营养生态位，从而建立高效人工生态系统，以削减水体中的污染负荷。生态浮岛对水质净化最主要的功效是利用植物的根系吸收水中的富营养化物质，例如，总磷、氨氮、有机物等，使水体的营养得到转移，减轻水体由于封闭或自循环不足带来的水体腥臭、富营养化现象，能使水体透明度大幅提高，同时水质指标也得到有效的改善，特别是对藻类有很好的抑制效果。生态浮岛是绿化技术与漂浮技术的结合体，一般由 4 个部分组成，即浮岛框架、植物浮床、水下固定装置以及水生植被。生态浮床直接在水体内治理，与人工湿地相比，植物更容易栽培成活，管理方便，净化效果好，适宜小面积的水体净化。

不同生态修复方法的技术原理及特征、优缺点及适用水体类型等见表 6-9。

表 6-9 不同水生态修复技术

序号	典型技术	技术原理及特征	优缺点	适用水体类型	是否推荐
1	人工湿地	通过恰当的设计，优化河道功能分区，形成浅滩与深潭交错、急流与缓流相间的仿自然河道格局，利用由土壤或人工填料（如碎石等）和生长在其上的水生植物所组成的独特的土壤-植物-微生物-动物生态系统，使水中污染物自然净化	人工湿地具有氮、磷去除能力强，投资低，处理效果好，操作简单，维护和运行费用低等优点。但是工程占地面积大，且受到气候条件限制较大，部分水生植物不耐寒，易受到病虫害影响，容易产生淤积和饱和现象	河道、沟渠	是
2	生态沟渠	应用生态学原理，在保证输水安全的前提下，在排水沟内通过植草、铺设过滤层，并根据实际情况设置透水坝、拦截坝等辅助措施，使其具备较高的净化水质的能力	防洪能力与生态净化功能较难兼顾，在枯水期水量不能保障的情况下，其中的植物生长难以保障	沟渠	是
3	生态塘	通过人为构建不同环境的生态塘，在坑塘内种植具有良好净水效果、较强耐污能力、易于收获和有较高利用价值的维管束植物，如芦苇、水花生、水浮莲等，能够有效去除水中的污染物，尤其是氮、磷的去除效果较好	受气候影响大、植物维护要求较高，容易产生淤积和饱和	坑塘	是
4	生态浮岛	依靠植物、微生物生长代谢及填料吸附实现污水净化；通过曝气、改性材料、接种真菌等强化生态浮岛的净化功能	运维简单、能够恢复水体生态系统，但季节因素对其影响明显	河道、坑塘	是

人工湿地、生态沟渠、生态塘已有相关的技术规范发布。《人工湿地污水处理工程技术规范》（HJ 2005—2010）中对人工湿地的地基、防渗、填料、植物种植等均给出了设计、施工、验收规范；《农田径流排水生态净化技术规范》（NY/T 3826—2020）中有对利用生态沟渠、生态塘生态净化农田径流排水的技术要求，其中明确了生物配置、水位控制、设施面积及水力负荷等设计技术参数。天津市地方标准《重污染河道综合整治与水质持续保持技术指南》对人工浮床的适用条件、浮床床体及材料、浮床植物选择、浮床覆盖率提出了要求。人工浮床技术是广泛应用的技术措施，地域差异、技术差异不大，本标准参考了其中的相关条款。

（3）生态护岸

岸带恢复对水体生态、水体健康、生物栖息地重建及水质改善均有重要意义，是实现"水清、岸绿、景美"目标的重要手段。岸带恢复一般分两个阶段，首先是加固岸坡，构建生态护岸。在具备岸坡防护基本功能的基础上，还具有河水与土壤相互渗透、植物生长和生态修复、一定的水体自净能力和自然景观效果的护岸结构形式。其次是缓冲带植物恢复，形成具有一定宽度，由水生向陆生过渡的，由草本、灌木、小乔木组成的水陆交错区，起到净化水质、阻控面源污染、提升水体自净能力及水土保持的作用，降低人类活动对河流的负面影响，同时提升河滨的景观效应。

生态缓冲带是在水域和陆地之间，由水生植物、乔木、灌木、草等组成的，具有一定宽度的植被缓冲区域，起阻控面源污染、提升生物多样性、降低人类活动对水域环境负面影响的作用。缓冲带布设与修复时，应根据水体类型、水体周边环境现状制定合理的缓冲带修复方案，应以自然恢复为主、人工修复为辅。缓冲带修复关键在于植被配置，应结合当地缓冲带建设的空间范围以及生态岸坡的种类来进行。完整的植被配置根据滨水带的结构可分为 4 种类型：缓冲林、乔灌草生态堤、交错带挺水植物带、浮叶和沉水植物带。可根据自身水体的结构选择完整的植被配置或适当简化某种植被配置类型。在农村黑臭水体治理与修复中，配置植株时在保证改善水质、保证生态效益的同时综合考虑社会经济价值，将植株的经济价值考虑进去。

不同生态护岸技术特征见表 6-10。

农村黑臭水体治理应因地制宜，因水制宜，一水一策。不同成因类型及水体类型的农村黑臭水体治理技术方法见表 6-11、表 6-12，但不限于表中所列技术方法类型。

表 6-10 不同生态护岸技术特征

序号	典型技术	技术原理及特征	费用	优缺点	适用水体类型	是否推荐
1	石笼护岸	石笼是全渗透性的结构，可以使水和土壤自然交换，增强水体的自净能力，从而达到生态作用	一般	完整性强，渗透性强，抗冲洗，在保持岸坡稳定性和生态功能方面发挥良好作用。但由于斜坡主体主要是石头填充的，需要大量的石材，因此在平原地区的适用性不强。局部护岸破坏后需要及时进行补救，以免内部石材泄漏，影响岸坡的稳定性	河道（流速较大）、岸坡可陡可缓	否
2	生态混凝土护岸	生态混凝土又称多孔性混凝土、可植草混凝土，在实现安全防护的同时实现生态种植，由多孔性混凝土、保水材料、缓释肥料和表层土组成	价格相对很高	施工简单，抗冲洗，透水性强，保水性好，为植物生长提供基质，为动物和微生物提供了繁殖地。但生物体恢复缓慢，需做降碱量处理，否则会影响植物的生长	河道（流速平缓、水位变动区坡面护砌）	是
3	预制混凝土块护岸	预制的多孔混凝土砌块，为植物和动物提供良好的生活空间和栖息地，可实现水土之间的能量交换，且植物根部交织在一起，使边坡体有机地结合在一起，形成对基础边坡的锚固作用，并具有透气、透水和坚实的护坡作用	成本较高	整体性较好，抗冲刷，透水性好，形式多样，可根据不同需要选择不同形状的多孔砖，款式更丰富，可满足多种需求，多孔砖的毛孔可用来植草，水下也可作鱼类和虾的栖息地。生物恢复较慢，施工难度不大，但施工工作量较大，施工期遇水易下沉及滑动，固定砖的混凝土间歇施工不便利、河堤坡度不能过大，否则多孔砖易滑落至河道	河道（流速一般、用地条件好、景观要求一般）	是
4	土工材料护岸	利用强度较高、柔韧性较好的聚丙烯或聚乙烯等高分子材料，网垫包含双向拉升平面网及非拉升网，网垫内有大量空隙，可填充土壤，为植被提供适宜生长载体	成本低	三维土工网垫施工简单，但不适宜岸坡陡、流速快、植物难生长的河段	河道	是
5	固化技术护岸	通过有机或无机固化剂、胶结材料和特殊工艺手段将松散的土壤或其他固体物质凝结成具有整体强度的固体材料，在固化面上可以播撒草种，随着植物根系逐渐向固化土中延伸，交错的根系与土壤的固结更加牢固	施工成本低	采用固化技术与植物相结合的方法，施工工艺简单，护岸效果好，后期维护少	河道	是

序号	典型技术	技术原理及特征	费用	优缺点	适用水体类型	是否推荐
6	生态袋护岸	用高分子聚丙烯及其他材料制成的新型土工材料,具透水不透土的过滤功能,裂口不外延,对植物友善,植被可自由穿透生态袋	投资低	生态带护岸具有工艺流程简单,施工期短的特点	河道、坑塘	是

表 6-11　不同成因类型农村黑臭水体治理技术方法

序号	成因类型	技术方法	适用条件	其他要求
1	生活污染	控源截污+水质净化+生态修复	农村生活污水持续排入、生活垃圾岸边堆放等造成水体黑臭	—
2	畜禽养殖污染	控源截污+清淤疏浚+水质净化+生态修复	畜禽养殖粪污持续排入等造成水体黑臭	—
3	种植污染	控源截污+水质净化+生态修复	农田退水或降雨径流造成水体黑臭	不影响排水
4	水产养殖污染	控源截污+水质净化+生态修复	水产养殖排水造成水体黑臭	—
5	工业污染	控源截污+清淤疏浚+水质净化+生态修复	工业污水排入水体等造成水体黑臭	—
6	底泥污染	清淤疏浚/原位修复+生态修复	无外源输入,主要是底泥释放污染物造成水体黑臭	结合水体功能
7	复合污染	控源截污+清淤疏浚+水质净化+生态修复	污染源多样、水质复杂、水体黑臭程度较高	—
8	水动力不足	增氧曝气/水系恢复+生态修复	无外源输入的排洪排涝水体动力不足造成水体黑臭	不影响防洪排涝

表 6-12　不同水体类型农村黑臭水体治理技术方法

水体类型		控源截污	水体治理			生态修复	
			水动力改善	水质净化	底泥治理	水生态修复	生态护岸
坑塘	小微型	控源截污	定期置换	—	清淤疏浚	自然恢复	自然恢复
	季节性		资源化利用			自然恢复	自然恢复
	其他		增氧曝气	混凝沉淀、生化处理	清淤疏浚原位修复	生态浮岛/生态塘	植物护岸/
沟渠			增氧曝气/水系恢复			生态沟渠/生态浮岛/人工湿地	天然材料加固植物护岸/
河道			水系恢复/增氧曝气			人工湿地/生态沟渠	人工材料加固植物护岸

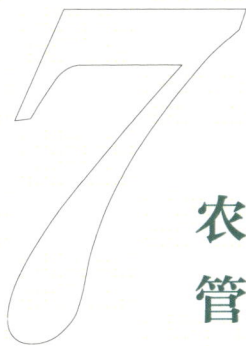

7 农村生活污水处理设施运行维护管理办法及技术指南

7.1 工作背景及工作过程

7.1.1 工作背景

2021 年 6 月，《2021 年农村环境整治实施方案》（环办土壤函〔2021〕287 号）提出要求各省（自治区、直辖市）于 2022 年 6 月底前制定农村生活污水处理设施管理办法（或相关文件）。为贯彻落实《2021 年农村环境整治实施方案》，指导全省农村生活污水处理设施运行维护工作，保障农村生活污水处理设施正常运行，河南省生态环境厅按照要求，组织生态环境部土壤与农业农村生态环境监管技术中心、河南省生态环境科学研究院、河南省村镇规划建设协会等单位启动《河南省农村生活污水处理设施运行维护管理办法（试行）》及《河南省农村生活污水处理设施运行维护技术指南（试行）》编制工作。

7.1.2 工作过程

2021 年 6 月下旬，编制单位收集统计河南省现有集中式农村生活污水处理设施基本信息。2021 年 7 月上旬，调研国内外关于农村生活污水处理设施运行维护相关规范指南等。2021 年 7 月下旬，编制组赴新乡市、开封市开展现有集中式污水处理设施现场调研工作。2021 年 8 月，河南省生态环境厅组织编制完成《河南省农村生活污水处理设施运行维护技术指南（试行）》（征求意见稿）。

2021 年 11 月 15 日，由河南省生态环境厅、河南省农业农村厅、河南省发展和改革委员会、河南省财政厅、河南省住房和城乡建设厅、河南省自然资源厅联合印发。

7.1.3　制定必要性

（1）深入落实相关法规政策要求

《中华人民共和国水污染防治法》第五十二条要求，"地方各级人民政府应当统筹规划建设农村污水、垃圾处理设施，并保障其正常运行"。《2021 年农村环境整治实施方案》中要求"制定农村生活污水处理设施管理办法（或相关文件）"。《河南省农村人居环境整治三年行动实施方案》中要求"编制完善农村生活垃圾污水治理技术、施工建设、运行维护等标准规范，分类制定农村生活污水治理排放标准"。

（2）提升全省农村生活污水处理设施运维能力

截至 2021 年 6 月，全省现有集中式农村生活污水处理设施中仍有部分设施不能正常运行，除缺少运维资金、设计建设验收不合理等原因外，管理不规范、运维专业技术薄弱等也是导致设施"晒太阳"的主要因素。

（3）科学指导全省农村生活污水处理设施运行维护工作

全省已有集中式农村生活污水处理设施工艺种类繁杂，设施运行维护难度大，全省农村生活污水处理工艺主要采用 A/O、A/O+生物膜、A/O+人工湿地、A^2/O、一体化处理设施等，也存在 A^2/O+MBR 等复杂工艺，导致设施运行维护困难。

7.2　河南省农村生活污水处理设施运行维护技术指南（试行）

7.2.1　总体思路

通过收集分析农村生活污水处理设施相关资料，结合河南省实际农村生活污水处理现状及规划，明确指南适用范围、编制意义、必要性以及可行性，参照国内相关指南规范体例格式编制，旨在解决河南省农村生活污水户内收集系统、公共收集系统、处理系统、资源化利用系统、监测管理等运行维护过程中存在的技术问题，为提升全省农村生活污水处理设施长效稳定运行提供技术支撑。

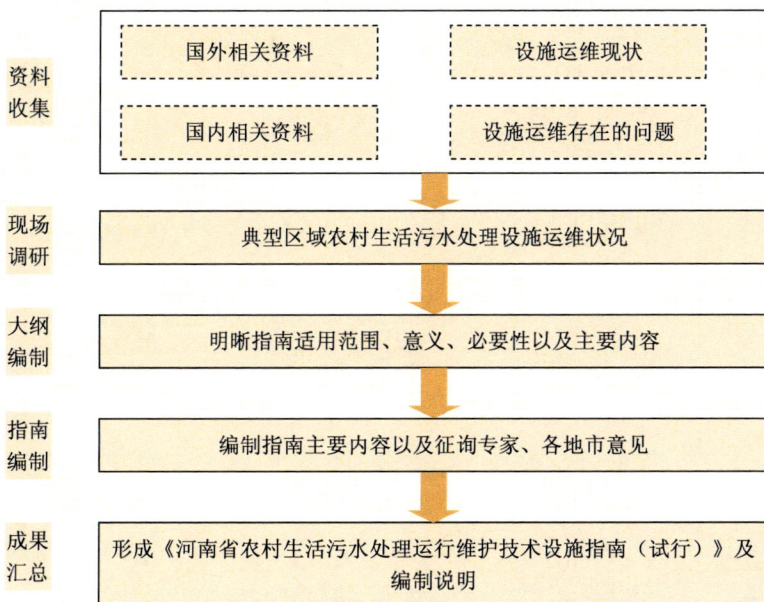

图 7-1 《河南省农村生活污水处理设施运行维护技术指南（试行）》编制技术路线

7.2.2 相关标准研究

（1）国外相关标准

美国主要针对小型和农村社区，提出小型废水处理系统，目前已形成一套比较完善的小型废水处理体系，主要包括下水道系统运行与管理、分散式污水处理系统等，其中美国使用较为普遍的为化粪池系统。针对分散式污水处理系统编制《分散处理系统手册》及《分散污水处理系统管理指南》等指导性文件。运行维护管理模式中，针对较为简单的分散式污水处理系统，主要由户主自行维护；较为复杂的分散式污水处理系统则由专业人员负责维护。

日本农村生活污水处理以净化槽为主，并制定了《净化槽法》。《净化槽法》规定了净化槽的最大清扫周期，明确了定期检查、维护维修等净化槽使用者的义务。针对净化槽的建设及运行维护，日本基本形成了相对完善的标准及管理体系，通过明确运行维护的机构、责任和技术要求，保障设施正常运行及水质达标。

（2）国内相关标准

2011 年 3 月，住建部印发《城镇污水处理厂运行、维护及安全技术规程》，主要包括总则、一般规定、污水处理、深度处理、污泥处理与处置、臭气处理、化验监测、电气及自动控制、生产运行记录及报表、应急预案等内容。2016 年 9 月，住建部修订《城镇排水管渠与泵站运行、维护及安全技术规程》，主要包括总则、术语、排水管渠、排水泵站、调蓄池、排水设施运行调度、排水防涝、档案与信息化管理等内容。2021 年 6 月，生态环境部发布《农村生活污水处理设施运行维护技术指南（征求意见稿）》，主要包括总则、规范性引用文件、术语、一般规定、户内污水收集系统运行维护、户外污水收集系统运行维护、污水处理系统运行维护、监测管理、数据记录及档案管理、运维考核等内容。

2016 年 6 月，浙江省印发《农村生活污水治理设施运行维护技术导则》，主要包括前言、适用范围、规范性引用文件、术语和定义、总体要求、接户设施、管网设施、终端工程、信息管理、档案管理、安全、检测等内容。2020 年 12 月，广东省印发《广东省农村生活污水处理设施运营维护与评价标准》，主要包括总则、术语、基本规定、一般管理要求、污水收集系统的检查与运行维护、污水处理站点的检查与运行维护、污泥处理处置管理、水质检测、安全与应急管理、智能化管控平台运维、运维评价等内容。2021 年 1 月，江西省编制完成《农村生活污水治理设施运行维护技术指南（试行）》，主要包括前言、范围、规范性引用文件、术语与定义、一般规定、户内设施运维、污水收集系统运维、污水处理设施运维、其他设施运维等内容。

7.2.3 主要技术内容

（1）整体框架

本指南共包括 10 章，即总则、术语与定义、基本规定、农户户内收集系统、公共收集系统、污水处理系统、资源化利用系统、监测管理、数据记录及档案管理、安全及应急管理。

（2）适用范围

本指南适用于河南省处理规模小于 500 m^3/d 的农村生活污水处理设施运行维护工作，可供运维单位和相关部门管理人员参考使用。

（3）术语和定义

本指南包含农村生活污水处理设施、农户收集系统、接户管、接户井、公共收集系统、污水处理系统、分散处理设施、集中处理设施、户用处理设施、大三格化粪池、吸污车、信息管理平台等 12 个术语定义，其中：

①农村生活污水不仅包含农村居民生活活动中产生的污水，还包含当地农村居民提供服务的单位产生的生活污水，但不包括工业废水和畜禽养殖废水。

②农户户内收集系统与公共收集系统为农村生活污水收集系统，两者以接户井为界，接户井及接户井之前的污水收集系统为户内收集系统，接户井之后的污水收集系统为公共收集系统。

③处理设施分为集中和分散两类，河南省农村生活污水处理设施主要为集中处理设施及分散处理设施，其中集中处理设施为日处理规模 20 t 及以上的设施，分散处理设施则为日处理规模 20 t 以下的设施。

④大三格化粪池在河南省农村生活污水处理中较为普遍。按照《农村厕所污水处理技术指南》，大三格为厕所粪污分散式处理设施，因此，本指南将大三格化粪池也作为一种分散式农村生活污水处理设施，采用大三格化粪池的村庄，灰水处理设施运维同样适用于本指南。

⑤结合目前以及未来可能出现的粪污和灰水拉运处理模式，本指南将吸污车作为公共污水收集系统的一部分进行考虑。

⑥结合河南省省情及农村生活污水处理特点，污水资源化利用应作为农村生活污水处理的主要模式，本指南将资源化利用设施作为单章列出，主要根据农业农村部、水利部等部门印发的技术规范，对污水资源化利用设施进行规定。

（4）基本规定

本指南对农村生活污水运行维护的基本任务、处理设施运行维护内容、不同处理中系统运行维护责任主体、特殊及突发情况运行维护预案、运行维护管理体系制度等作出了规定：

①明确户内收集系统、户用处理设施和户用资源化利用设施为农户自行运行维护，公共收集系统、污水处理系统及集中回用资源化利用设施为运维单位运行维护。

②考虑到农村地区人口波动大，尤其在农忙时期、节假日等，针对此类情况，应提前做好应对措施。

③规定设施运行维护过程中，避免造成环境污染事件或者影响村民生产生活。

（5）主要条文内容

1）户内收集系统

户内收集系统包括排水管、隔油池、化粪池、接户管、接户井等，其运行维护主要保证接户井进出水通畅、管道无跑冒滴漏、化粪池无堵塞渗漏、隔油池定时清理等内容。

2）公共收集系统

公共收集系统包括检查井、排水管、提升泵站、吸污车等。检查井主要考虑农村地区检查井设置不规范、安全措施匮乏等问题，本指南中明确应按《室外排水设计规范》的要求进行运行维护。排水管主要考虑农村地区排水管网易堵塞、易破损等突出问题，明确排水管网检查频率以及检查内容，确保排水管网进出水通畅。提升泵站主要考虑农村地区使用相对较少，本指南中明确需保证提升泵站不发生堵塞、淤积等突出问题。吸污车作为农村地区生活污水收集的主要方式，其在运行维护过程中应确保吸污车不发生滴漏、密封完整性。

3）污水处理系统

污水处理系统包括预处理设施、生态处理设施、生物处理设施、一体化处理设施、大三格化粪池、附属设施、污泥处理等。预处理设施运行维护应确保避免漂浮物、砂石等进入处理系统。生态处理设施考虑人工湿地、稳定塘、土地渗滤 3 种，生态处理设施运行维护过程中应确保布水均匀、进出水通畅等，同时避免产生环境问题。生物处理设施考虑厌氧、生物膜法、活性污泥法三类，其在运行维护过程中应确保生物膜不堵塞、保障活性污泥活性等。一体化处理设施为农村生活污水处理设施的主要类型，其运行维护除确保设施不发生倾斜、破损等外，还应按照一体化处理设施厂家要求进行维护。大三格化粪池作为河南省较为常见的厕所粪污分散式处理设施，其运行维护应按照 GB/T 38837 的相关规定执行。附属设施包括阀类、泵类、风机、仪器仪表、消毒设施等，其运行维护应保证设施运行正常，运维过程中确保安全等。污泥处理主要包括就近就地资源化利用和运送至附近城镇污水处理厂处理。

4）资源化利用系统

资源化利用系统包括污水贮存池、输送管渠或工具、灌溉设备等。其运行维护应保证污水不外流、不影响居民生产生活等。

5）监测管理

农村生活污水处理设施监测能力较为低下，导致设施运行效果难以评估。本指南规定了不同处理规模处理设施监测指标及频率，为设施的运行效果提供了数据支撑。

7.3　河南省农村生活污水处理设施运行维护管理办法（试行）

本管理办法包括总则、职责分工、运行维护、资金保障、考核监督、附则等共 6 章 26 条，适用于河南省行政管辖范围内农村生活污水处理设施的运行维护及监督管理。

（1）总则

总则部分共 5 条，明确了本管理办法制定的目的、适用范围，以及农村生活污水处理设施、污水收集系统和设施运行维护相关要求。明确规定：

①农村生活污水处理设施的改建、迁移、拆除、退出均应当上报县（市、区）人民政府同意；

②农村居民户内污水进入公共收集系统前应设置接户井，接户井及以前为户用收集系统，接户井后为公共收集系统；

③设施运行维护管理以"政府主导、群众参与、属地为主、职责明确、注重实效"为原则，以"管理有序、设施完好、水质达标、运行稳定"为目标。

（2）职责分工

职责分工共 6 条，明确了省、市、县、乡镇、村（居）民委员会各级人民政府或主管部门的相关职责。其中，省级包括省生态环境厅、省发展改革委、省财政厅、省农业农村厅、省住房和城乡建设厅、省自然资源厅等相关省直部门，市级包含市生态环境部门及其派出机构，县（市、区）包括县（市、区）人民政府和运行维护主管部门，乡镇（街道）和村（居）包括乡镇（街道）人民政府和村（居）民委员会。

表 7-1　农村生活污水处理设施各级政府和相关部门主要职责

部门级别	责任主体	主要职责
省级	省生态环境厅	设施运行维护指导工作和相关标准的制定
	省发展改革委	收费机制的探索建立和相关项目建设的简易审批
	省财政厅	设施运行维护管理资金保障机制的健全完善

部门级别	责任主体	主要职责
省级	省农业农村厅	厕所粪污处理设施运行维护的监督指导
	省住房城乡建设厅	推动城镇污水管网和运维服务向村庄延伸覆盖
	省自然资源厅	完善相关政策，保障设施建设用地
市级	市生态环境部门及其派出机构	本行政区域内农村生活污水处理设施运行维护状况的监督管理工作； 结合本地实际，制（修）订本行政区域内农村生活污水处理设施运行维护管理办法
县（市、区）	县（市、区）人民政府	明确设施运行维护主管部门，落实运行维护管理经费，建立设施运行维护管理协调机制，组织有关部门、乡镇、村级组织、农户、第三方专业机构开展农村生活污水处理设施运行维护管理
	县（市、区）运行维护主管部门	设施运行维护的日常管理，制定考核评估办法
乡镇（街道）	乡镇（街道）人民政府	自管设施的运行维护
村（居民）	村（居）民委员会	协助做好设施运行维护巡查、检查、监督等工作

（3）运行维护

运行维护共 6 条，主要内容包括设施运行维护内容、运行维护单位的确定、运行维护单位的职责、不同运维主体（委托第三方自行运维）职责，以及信息管理平台的构建。

①农村生活污水处理设施的运行维护内容应包括污水收集系统和污水处理系统，各县（市、区）应根据当地农村生活污水处理设施分布、规模、工艺、运行维护要求等实际情况，合理确定运行维护单位。

②委托第三方专业机构作为运行维护单位的，应签订运行维护服务合同，明确双方权利义务；采用自行运行维护管理的，乡镇（街道）人民政府负责本辖区内自管的农村生活污水处理设施的运行维护。

③鼓励建立运维统一信息管理平台，鼓励规模以上的设施对水质、水量、用电量等反映设施运行情况的指标进行在线监控，与生态环境部门信息平台联网，提高监管效率。

（4）资金保障

资金保障共 3 条，规定了农村生活污水处理设施运行维护的资金保障。

①各级人民政府要将农村生活污水处理设施运行维护费用纳入本级财政预算，为保障设施长期稳定运行，探索建立政府、村集体、村（居）民共同分担付费机制。

②按照"谁污染、谁治理、谁受益、谁付费"原则，探索建立农村生活污水治理缴费制度，综合考虑经济社会承受能力、污水治理成本、农村居民意愿等因素，合理确定缴费水平和标准。

（5）监督考核

监督考核共 4 条，明确了市生态环境部门及其派出机构的监督职责和运行维护主管部门、各县（市、区）人民政府对设施运维主体的考核制度。

①市生态环境部门及其派出机构每年应至少抽查 1 次本辖区内各县（市、区）农村生活污水处理设施的运行维护状况，抽查比例不低于 20%，应将污水处理设施运行管理情况和无改造价值设施处置情况检查纳入日常工作。

②委托第三方专业机构作为运行维护单位的，运行维护主管部门对其运维管理情况进行考核，乡镇（市、区）人民政府自行运行维护的，各县（市、区）人民政府组织有关部门对运行维护管理情况进行考核。

（6）附则

附则规定了本管理办法的解释单位，即河南省生态环境厅，自印发之日起实施。

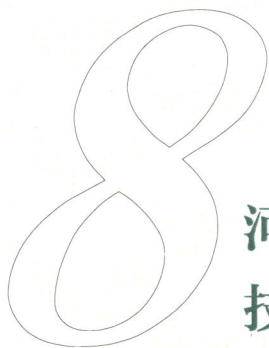

8 河南省农村生活污水治理推荐技术模式

8.1 制定原则

为扎实推进河南省农村生活污水治理，改善人居环境，建设宜居宜业和美乡村，河南省生态环境厅结合河南省实际，在省内外遴选了一批较为成熟的农村生活污水治理技术模式。主要遵循以下原则：

生态循环、利用优先。牢固树立绿色发展理念，结合农田灌溉回用、生态保护修复、环境景观建设等，鼓励农村黑水、灰水分别处理回用，鼓励污水资源循环利用，实现农村生活污水治理与生态农业发展、农村生态文明建设有机衔接。

因地制宜、有效管控。根据地理气候、经济社会发展水平和农村居民生产生活习惯，灵活运用污染治理与资源利用相结合、工程措施与生态措施相结合、集中与分散相结合等多种处理模式，科学确定本地区农村生活污水治理技术路线。

建管并重、运维长效。明确农村生活污水治理设施建设主体和运维主体，建立长效管护机制，吸引社会资本参与农村生活污水治理，鼓励推行第三方运维，鼓励探索污水处理、景观构建、特色农业协调发展的农村生活污水治理与管控的长效模式。

经济适用、易于推广。统筹考虑农村水环境质量、污染排放现状和治理需求，以及当地经济发展水平和农村居民生产生活习惯，综合评判农村生活污水治理的环境效益、经济效益和社会效益，选择技术成熟、经济适用、管理方便、运行稳定的农村生活污水处理技术模式。

8.2 纳管处理技术模式

8.2.1 适用范围

适用于城镇（园区）污水处理设施或城镇污水收集管网周边（原则上不超过 3 km）、人口集中、地理和施工条件均满足输送污水至已有集中式污水处理设施的农村地区。

8.2.2 技术路线

对农户入户排水系统进行改造，包括改厨、改浴、改厕。改厨主要是设置洗菜池及排水管；改浴主要是将洗衣、洗澡等盥洗污水纳入入户排水管；改厕则是水冲式厕所、化粪池及化粪池排污管、厨房及盥洗污水与厕所化粪池上清液一起经入户排水管排入城镇污水处理厂管网（图 8-1）。化粪池污泥定期清理，由槽车拉运做有机肥。如济源示范区、新密市、新郑市、灵宝市、孟州市等地将城镇周边农村的生活污水通过铺设管网与城镇污水管网相连，经处理后达标排放。

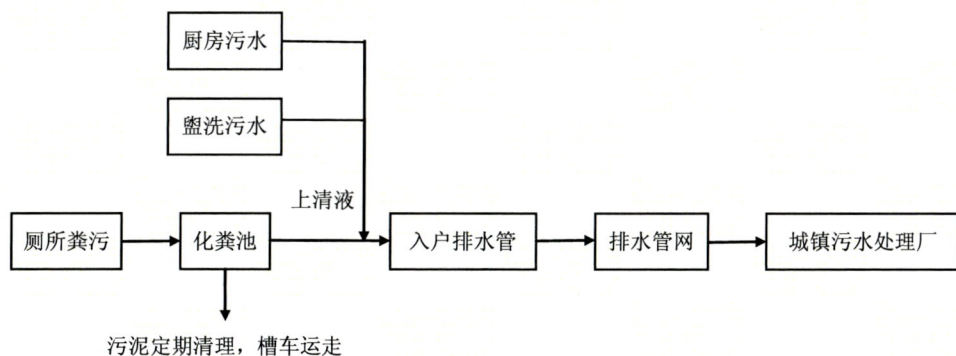

图 8-1 纳管治理模式技术路线图

济源示范区东部平原近郊及邻乡镇政府所在地周边村庄，将生活污水纳入城镇生活污水管网进行处理，现已铺设管网 100 km，覆盖克井镇、五龙口镇等 5 镇 80 个村，惠及 3.5 万人，起到良好辐射带动作用。

8.2.3　适用要求

该技术模式能够同时处理黑水和灰水，充分利用现有的污水处理能力，不需要另建终端处理设施，降低了后期运行维护成本。在管网建设时一般要求做到"雨污分流"，建设成本相对较高。在选择该技术模式时需要对符合适用范围的村庄进行可行性论证，科学规划布局管网，确保做到经济可行；在施工过程中严把质量关，确保工程质量。

8.3　资源化利用技术模式

8.3.1　适用范围

针对经济条件一般、人口规模相对不大的村庄，或水资源相对缺乏、主要使用传统旱厕和无水式厕所、周边有农田园林可充分消纳厕所粪污的地区，可通过改造卫生厕所，对厕所粪污进行无害化处理后就地就近还田或堆肥，实现粪污无害化和资源化利用。

8.3.2　利用方式

（1）草粉生态旱厕+粪污还田利用

技术路线："草粉生态旱厕"不需要水，通过利用秸秆、枯叶、杂草并混入生物菌剂制作的草粉，在连接便器的密闭储粪仓中对粪便进行发酵，使用前在储粪仓内铺垫

20～30 cm 厚混有生物菌剂的草粉，如厕后再加 80 g，最终实现无害化处理（图 8-2）。农户自行清掏后堆放 10～15 d 即可就地就近农田利用，也可依托有机肥加工企业回收农户的粪污发酵物生产有机肥，解决农户粪污出路问题，实现粪污资源化循环利用。县（市、区）政府配备草粉粉碎机和专用清掏工具，乡镇负责后期管理维护，村集体负责草粉制作、发放。该技术模式在鹤壁市鹤山区得到了较好的应用。

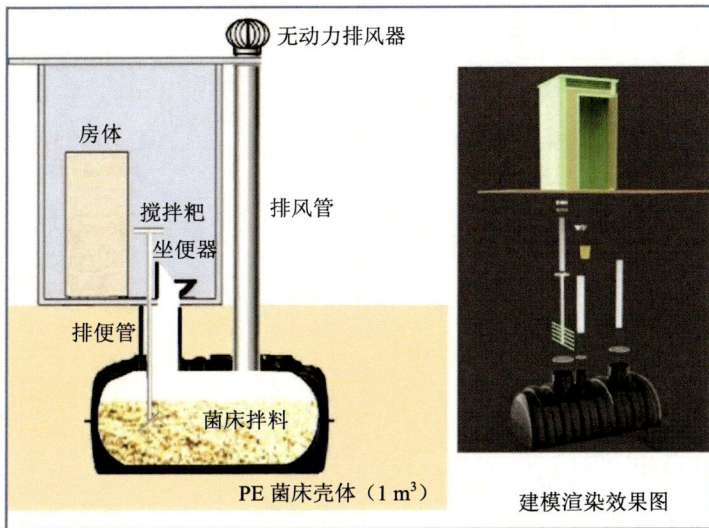

图 8-2　草粉生态旱厕示意图

　　鹤壁市鹤山区针对山区水资源缺乏、冬季气温低、房屋错落且多为石头建筑的特点，将粪污、秸秆资源化利用与农业绿色发展相结合，创新草粉生态厕所模式，有效解决了山区农户改厕难题。目前，已推广使用草粉生态厕所 1 230 套，占山区应改厕所的 90% 以上，实现粪污无害化处理 100%、粪污还田综合利用 100%。

适用要求：该技术主要适用于山区或居住分散、人口密度小、地形条件复杂、干旱缺水、污水产生量较小的农村厕所粪污治理，厨房及盥洗等灰水需要单独处理或利用，建设投资每户 600～1 000 元，运行费用每户约为 0.05 元/d。

（2）三格式化粪池

技术路线：农村粪便污水从住宅排出后进入化粪池，在化粪池内通过厌氧生物分解作用去除部分有机污染物，并充分无害化后出水农用（图 8-3）。污水停留时间至少为 60 d，其中，第一格 20 d，第二格 10 d，第三格 30 d。粪液只能从三格式化粪池的第三格中取用，且禁止向第三格倒入新鲜粪液。该模式适用于河南省大部分农村。

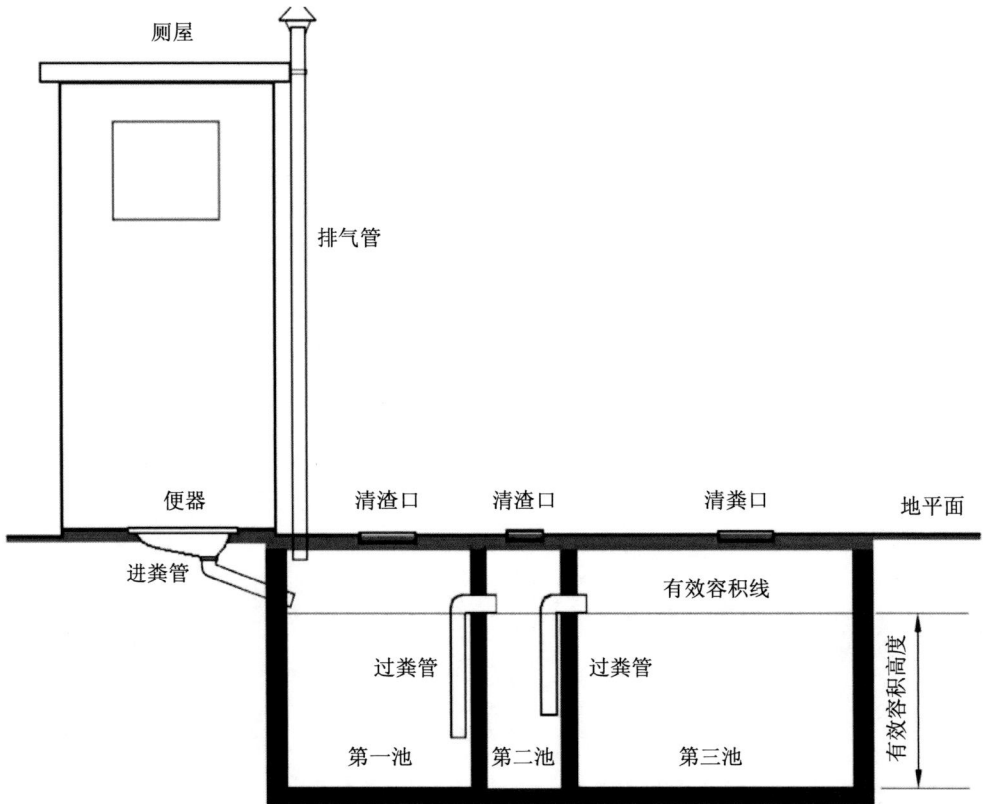

图 8-3　三格式化粪池技术路线图

三格化粪池由三格池子组成，第一池、第二池、第三池容积比例为 2：1：3，主要是利用厌氧发酵、中层过粪和寄生虫卵比重大于一般混合液比重而易于沉淀的原理。粪便在池内经过发酵分解，在化粪池中粪液依次由第一池流至第三池，以达到沉淀或杀灭粪便中寄生虫卵和致病菌的目的，第三池粪液进行资源化利用使之成为优质有机肥。

适用要求：该技术模式适用于各种地形村庄的黑水治理，厨房及盥洗等灰水需要单独处理或利用。建设投资为 0.17 万～0.21 万元/户（个），污染物去除率分别为化学需氧量为 40%～50%、悬浮物 60%～70%、动植物油 80%～90%、致病菌寄生虫卵不小于95%，基本无设备运行费。每次清掏需要 20～30 元。采用该技术模式需村庄周边区域有足够的有机肥使用需求，或者做好非施肥季节清掏物的暂存。

（3）厌氧沼气池

技术路线：农户生活污水、养殖业粪污等进入厌氧发酵池（沼气池），通过厌氧生物分解去除部分有机污染物，同时产生沼气（图 8-4）。沼液和沼渣做有机肥，沼气可作为农家燃气。沼气池需定期检查气密性（一般 1 次/a），定期维修（4～8 年），经常检查输气管是否漏气或堵塞。该技术模式在孟津区、偃师区、孟州市等地部分村庄应用。

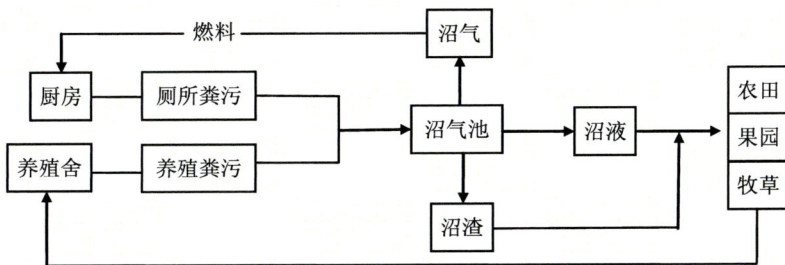

图 8-4　厌氧沼气池技术路线图

洛阳市孟津区、偃师区以群众满意为标准，强化改厕质量管控，实行采购、培训、施工、验收"四统一"，提升改造现有低温沼气池 1 000 个，覆盖 100 个行政村，惠及 3.6 万人，不仅对农村地区黑水进行有效收集和处理，其产生的沼气、沼渣、沼液也得到了很好的综合利用。

适用要求：该技术模式适用于各种地形村庄黑水的治理，建设成本为 0.025 万～0.035 万元/m³（池容积），污染物去除率分别为化学需氧量 40%～50%、悬浮物 60%～70%，设施清渣维护检修费用小于 0.10 元/m³。采用该技术模式需重视沼气生产设施的设计建设和运行管理维护工作。

（4）小三格（单格化粪池）+大三格

技术路线：每家农户改厕为小三格化粪池，或改为水冲式厕所加单格化粪池，根据村庄集中程度、人口规模、便于资源化利用等因素设置大三格化粪池，用于集中收集周边村庄农户的粪污。农户生活产生的灰水经沉淀等处理后用于冲厕、浇灌或者泼洒抑尘。厕所粪污经小三格式化粪池（单格化粪池）处理后，直接经管网或由吸污罐车运送至附近大三格化粪池进行集中处理。按照种植需要，大三格化粪池中的粪污用作农田/林地施肥（图 8-5）。襄城县、获嘉县、方城县、社旗县、商丘市梁园区、漯河市源汇区、博爱县等全省多地，通过该方式实现了粪污的无害化处理和资源化利用。

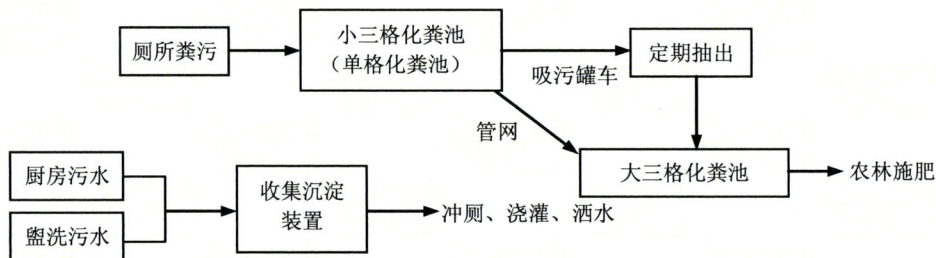

图 8-5　小三格+大三格处理技术路线图

漯河市汇源区针对部分村庄常住人口较多、村庄密集等实际情况，建设大三格化粪池 29 个，共铺设管网 21.5 km，采购吸粪车 12 辆，由乡镇统一收运，及时对大三格化粪池粪污进行收运和消纳处理，处理后粪液作为有机肥还田利用，确保了粪污安全有效利用。

适用要求：该技术模式适用于具有消纳粪污的农田、果园或林地的农村，该模式要重点关注吸污罐车的市场化运维，建议采用"政府补贴+农户付费"的形式确保正常运行。同时，要注重生活灰水的综合利用和有效管控。

（5）灰水收集利用+小三格+大三格

技术路线：每家农户由政府配置灰水收集桶，建设小三格化粪池，根据村庄集中程度、人口规模、便于资源化利用等因素设置大三格化粪池，用于集中收集周边村庄农户的粪污。农户生活产生的灰水经收集沉淀后，用于冲厕，或用于浇灌、泼洒抑尘。厕所粪污经小三格式化粪池处理后经管网或由吸污罐车运送至附近大三格化粪池进行集中处理，按照种植需要，大三格化粪池中的粪污用作农田/林地施肥（图 8-6）。河北省邱县等地通过探索实施该模式实现了粪污的无害化处理和资源化利用。

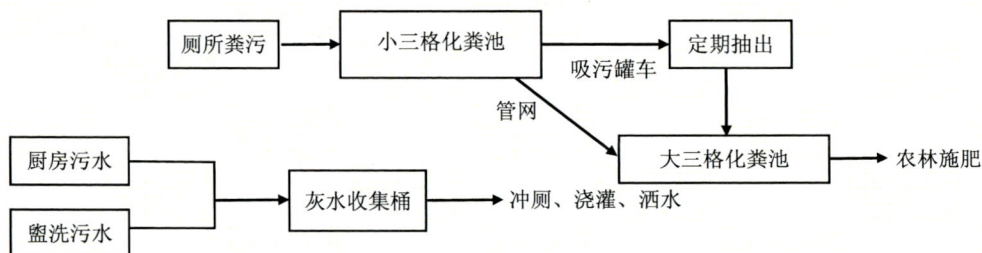

图 8-6　灰水收集利用+小三格+大三格处理技术路线

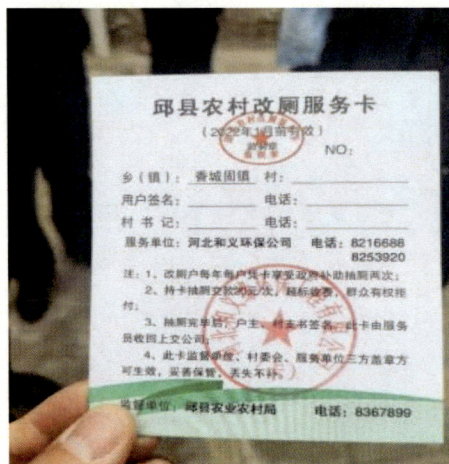

河北省邱县农村污水处理覆盖 5 镇 2 乡 217 个行政村，农村常住户数 5.19 万户。该县按照"因村制宜、分类施策、原位消纳、综合利用、长效管控"的原则，积极探索农村厕所粪污处理"两收集、两利用"新模式。

适用要求：该技术模式适用于具有消纳粪污的农田、果园或林地的农村，配备灰水收集桶后能够同时处理生活黑水、灰水，该模式要重点关注吸污罐车的市场化运维，建议采用"政府补贴+农户付费"的形式确保正常运行。

（6）灰水收集利用+小三格+粪污集中处理站

技术路线：每家农户配置沉淀隔油集水装置和小三格化粪池，根据村庄集中程度、人口规模、便于资源化利用等因素设置大三格化粪池，用于集中收集周边村庄农户的粪污。农户生活产生灰水经沉淀隔油集水一体装置后，由微型潜水泵引出直接用于冲厕、浇灌或者泼洒抑尘，厕所粪污经小三格式化粪池处理后经管网或由吸污罐车运送至附近粪污处理站进行集中处理，经厌氧处理后的粪污，按照种植需要，运送至农田施肥，剩余部分再经深度处理，达标后排放，出水可用于农田灌溉等（图 8-7）。该模式在河北省故城县等地村庄应用。

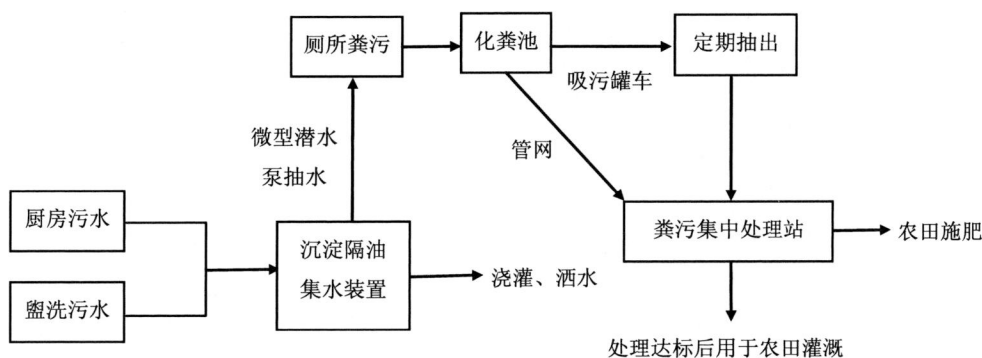

图 8-7　灰水收集利用+小三格+粪污集中处理站技术路线

适用要求：该技术模式适用于具有消纳粪污的农田、果园或林地的农村，配备沉淀隔油集水装置和微型潜水泵后能够同时处理生活黑水、灰水，处理后的生活污水可进行资源化利用或者达标排放。该模式中沉淀隔油集水装置和微型潜水泵建设投资为 1 800 元/套左右，同时要重点关注吸污罐车的市场化运维。

河北省故城县采用"厕所改造+污水分散收集体系+厕所黑水运送体系+污水集中处理体系+综合利用体系"的"厕污并治、黑灰兼治、分散收集、集中治理、综合利用"模式,工程设计建设遵循"小而全、小而实、小而优、小而美"的原则。通过对 1 210 个村庄的生活污水治理和 3 782 个村庄的生活污水管控,废水再利用,村庄告别污水横流,污水变清水;水资源被充分利用,县域发展更有质量,粪便成肥料;第三方公司稳定盈利,企业发展更有动力,实现了"三方共赢"。

（7）厕所粪污生态循环处理

技术路线:采取物理沉淀（户厕沉淀池）+生物降解（厌氧-兼氧-好氧池）+回流杀菌（回流池）+生态处理（家庭菜园、花池等）+自然排放（冲厕所）的治理方式,相当于把城市大型污水处理系统微缩化后搬进了农户家里,从源头有效治理了农村生活污水。

适用要求：该模式适用于各种地形，能够有效防止厕所上冻，采用的循环利用中水技术有效解决了干旱地区水冲厕所用水难的问题。建设投资 3 000～5 000 元/户，系统运行费用低，电耗约每天每户 0.4 元，仅需两年清掏一次沉淀池。该模式可以根据中水用途调整出水标准，提高了粪污资源化利用的针对性。

洛阳偃师区积极与企业、科研单位合作，研究出以农户为单元、黑水灰水同治的厕所粪污、洗涤废水、餐厨污水生态循环综合治理模式——厕所粪污生态循环处理模式。

（8）化粪池+原位生态净化槽/微生态潜流湿地/强化快渗池

技术路线：农户黑水、灰水分类收集处理，黑水通过双瓮式化粪池无害化处理后，由专业拉运队伍运至镇驻地污水处理站集中处理，灰水根据农户实际情况选择原位生态净化槽、微生态潜流湿地或强化快渗池等技术处理后，用于房前屋后小菜园、小果园、小花园灌溉。该模式为生态环境部《农村生活污水和黑臭水体治理典型案例（第一批）》中"华北山区人口分散村庄-户用生态化处理"案例，在山东省临沂市蒙阴县坦埠镇诸夏社区应用。

①原位生态净化槽：农户灰水进入隔油-沉淀一体池，通过过滤和沉淀作用去除杂物、悬浮物和油污，然后进入净化槽内，自下向上流动，水中污染物被净化槽内的过滤介质吸附、截留，被填料上的好氧菌/兼性菌/厌氧菌等生物联合降解，实现污水深度净化（图 8-8）。原位生态净化槽的水力负荷为 1 $m^3/(m^2 \cdot d)$，可根据农户的日最高用水量选定设备尺寸。

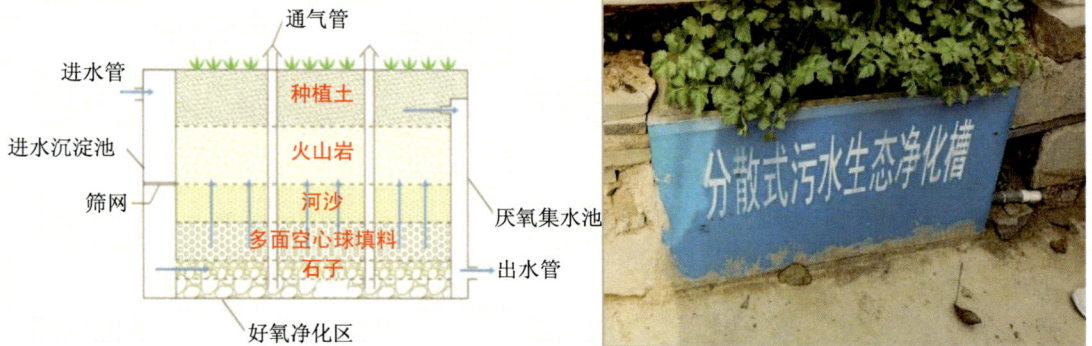

图 8-8　原位生态净化槽工艺结构及实物图

②微生态潜流湿地：灰水经格栅调节池预处理，去除悬浮物和油污，然后进入微生态潜流湿地的配水管，均匀投配到微生态潜流湿地处理单元，通过填料和植物根系上的水处理功能微生物的降解及植物根系吸收等联合净化作用，实现污水中有机物、氮、磷等的高效去除（图 8-9）。微生态潜流湿地的水力负荷为 1 m³/（m²·d），可根据农户日最高用水量选定设备尺寸。

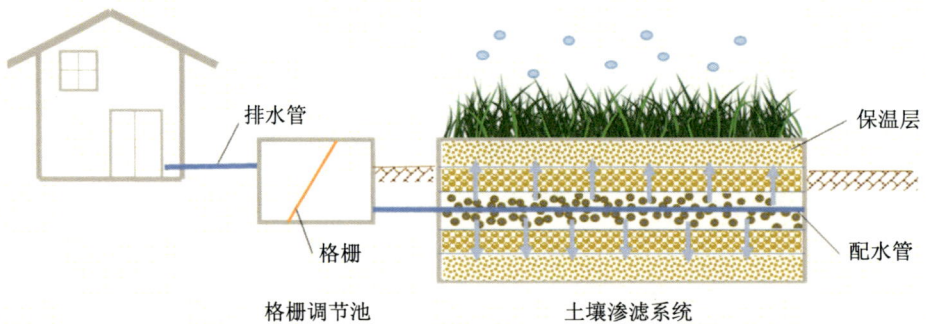

图 8-9　微生物潜流湿地工艺示意图

③强化快渗池：灰水进入快渗池中间的沉淀池进行预处理，去除悬浮物颗粒物，然后进入二级净化区，经其中多孔性填料中的微生物快速降解污染物，然后进入三级净化区，被其中附着于卵石/河沙以及土壤中的微生物利用，水质得到进一步改善（图 8-10）。强化快渗池处理负荷为 0.4～0.6 m³/（m²·d），可根据农户日最高用水量确定建设面积和设备尺寸。

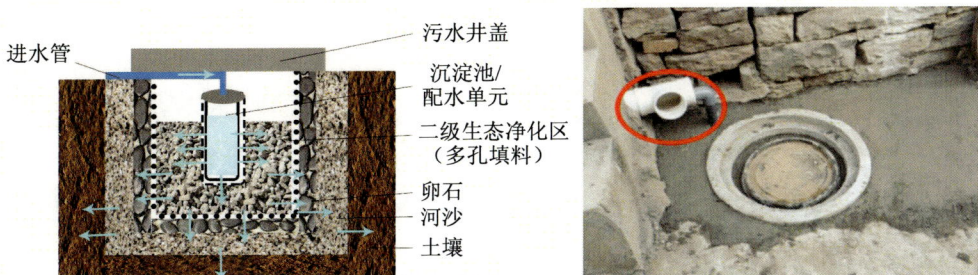

图 8-10 强化快渗池工艺结构及实物图

适用要求：该模式适用于北方丘陵地区、农户居中相对分散、农户黑水灰水分别处理、灰水排放量较小且不便于管网收集、气温相对温暖（冬季平均气温不低于−10℃）、土壤层较厚且以砂土为主（渗滤系数较大的）、水环境不敏感的地区。运行维护简单，仅需每年对 3 种设施进行冲洗、翻晒、装填，可交第三方统一管理，也可指导农户自行维护，维护成本约 50 元/（户·a）。

8.4 集中治理技术模式

8.4.1 适用范围

该模式分为单村集中型、村村连片集中型，其中单村集中型适用于村村距离相对较远（大于 3 km）、排水量 10～200 m³/d、人口 100～2 500 人的村庄，村村连片集中型适用于村村距离相对较近（小于 3 km）、水量 200～500 m³/d、人口 2 500～10 000 人的村庄。

8.4.2 治理方式

（1）预处理+生化处理

技术路线：针对经济条件好、村落集中度高、城镇化发展较好，且污水产生量大、地形条件较好的地区，或是南水北调中线工程、饮用水水源保护区、风景名胜区等附近的村庄，可通过建设集中收集管网或渠道广泛收纳农户生活污水，并配套建设区域污水处理厂站的方式（图 8-11）。该模式目前应用较多，如新密市、兰考县、洛阳市洛龙区和孟津区、宜阳县、汤阴县、长垣市、沈丘县等全省大部分地区均有应用。

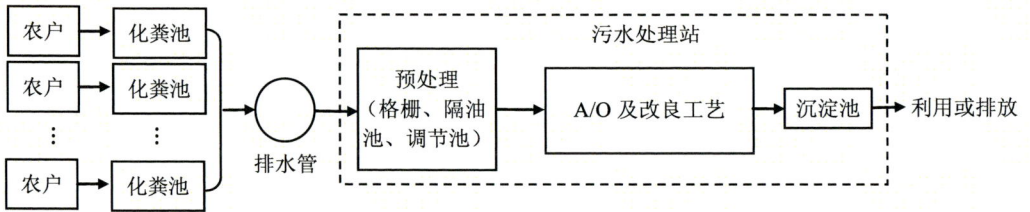

图 8-11　预处理+生化处理模式技术路线图

　　新密市按照"一体规划、一体建设、一体运维、一体参与""四个一体"强力推动农村生活污水治理，303 个行政村中，实现污水治理全覆盖、实现集中污水收集处理率 100%、农村污水处理率超过 85%。

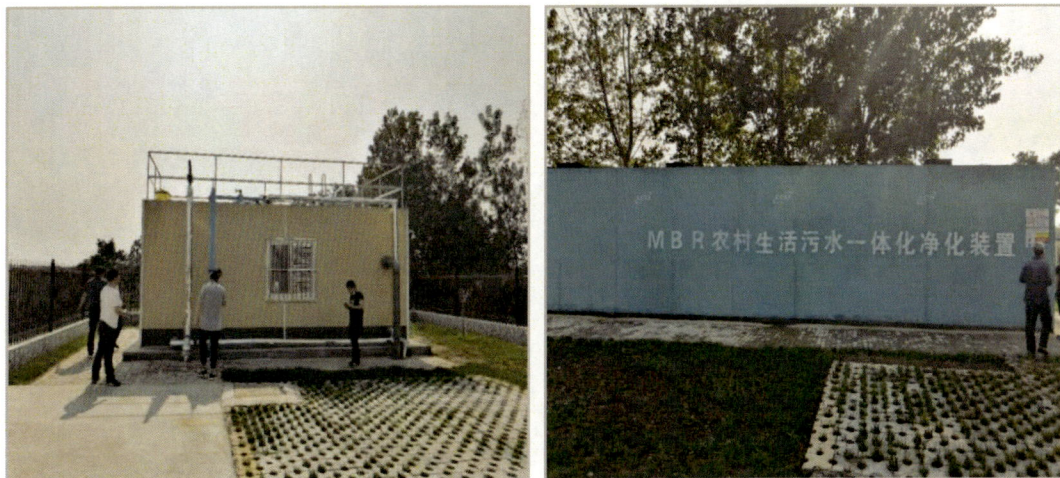

洛阳孟津区借力实施乡村振兴战略示范县机遇，落实省"千村示范、万村整治"部署，分两批选取 76 个村先行先试，集中人力、物力、财力全面推进"三清一改"，目前，已改建水冲式厕所 1.2 万余座，同步推进农村改厨、改浴，农村生活污水有效治理率达到 75% 以上。

适用要求：该模式适用于人口规模和密度大、污水排放量较大、远离城镇不具备纳管条件的地区，或地处环境敏感区域，以及乡村旅游等较为发达的村庄。该处理模式与城镇污水处理厂类似，通常采用资源化、生态与工程组合处理等工艺形式，出水可达到《城镇污水处理厂污染物排放标准》（GB 18918—2002）中一级 A 标准。采用该模式需明确设施收水方式、收水范围、水质水量变化范围、排水去向、处理标准、资源化利用途径、污泥处置方法、建设及运行费用等。通常建设费用和运行费用较高，需建立健全长效运维机制，确保有稳定的运行费用和专业的运维人员，鼓励引入社会资本投资、生态环境导向的开发（EOD）模式、工程总承包+运行（EPC+O）、设备租赁等建管模式，以及第三方专业运维+村民参与模式。

（2）预处理+氧化塘处理

技术路线：对于周围农田分布比较广泛的地区，农村化粪池粪污经长时间发酵后，直接作为有机肥施用至农田，则农户排水以厨房及盥洗等灰水为主，可通过排水渠将灰水引入氧化塘，在塘内种植沉水植物、挺水植物等具有污水净化功能的水生植物，污水经净化后可作为灌溉用水等（图 8-12）。该模式在襄城县等多地村庄应用。

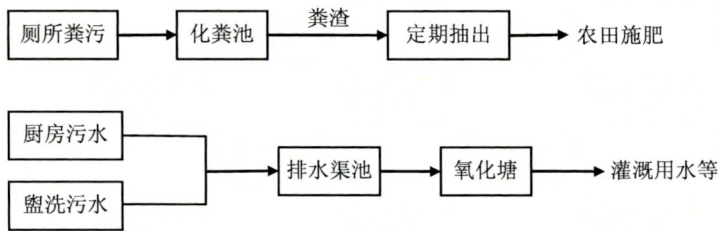

图 8-12　预处理+氧化塘技术路线图

襄城县以治污、治乱、改水、改厕为着力点，分类建设污水集中处理设施 55 个、小型人工湿地 55 个、氧化塘 55 个、无（微）动力污水净化池等污水处理设施 55 个，加强生活污水源头减量和尾水回收的利用。

适用要求：对于位于水环境条件较好的非生态敏感区域，具备池塘、沟渠等生态处理条件，且黑水已经实现统一收集处理的村庄，可采用排水渠收集灰水后氧化塘处理方式，处理后出水可达到《农田灌溉水质标准》（GB 5084）。建设投资为 0.3 万～0.55 万元/t 水，去除效率为化学需氧量 70%～85%、悬浮物 80%～90%、总氮 30%～40%、总磷 50%～70%，运行成本为 0.05～0.1 元/t 水。

（3）预处理+稳定塘+人工湿地

技术路线：对于周围农田分布数量少，可消耗化粪池粪污数量较少的地区，对化粪池黑水及厨房、洗浴灰水合并收集，经厌氧池处理后进入稳定塘氧化处理，然后进入人工湿地进一步净化，出水可作为灌溉用水或排入地表水体（图 8-13）。该模式在信阳市平桥区、罗山县、潢川县等地取得了较好的应用效果。

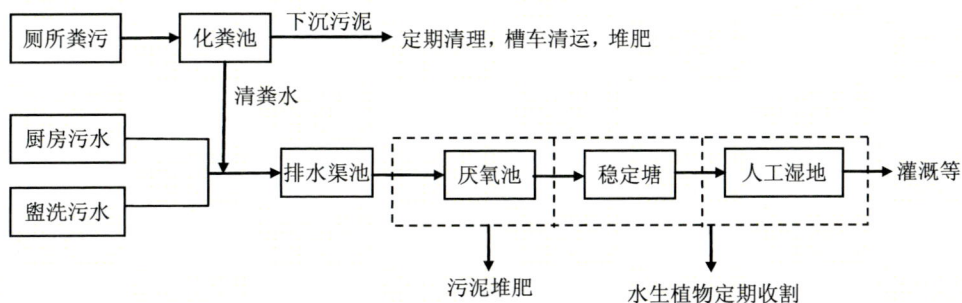

图 8-13 预处理+稳定塘+人工湿地技术路线图

　　信阳市平桥区明港镇、灵山镇王大湾组农村生活污水经沼气池厌氧处理、稳定塘生物处理、人工湿地再处理，最终达到灌溉水标准进行农田灌溉目的，不仅实现了农村生活污水的处理，还实现了水资源的循环再利用，极大提高了水资源利用率。

适用要求：对于位于水环境条件较好的非生态敏感区域，有较大闲置土地，黑水需要与灰水一并处理的村庄，可经管网收集后采用该模式治理，排水执行河南省《农村生活污水处理设施水污染物排放标准》（DB 41/1820—2019）一级标准。建设成本为 0.4 万～0.45 万元/t 水，去除效率为化学需氧量 50%～65%、悬浮物 50%～65%、氨氮 30%～45%，基本无设备运行费用。该模式在温度较低时处理效果下降，因此需考虑湿地植物过冬问题，同时需要注意水生植物要定期收割清理。

（4）预处理+序批式活性污泥法（SBR）+砂滤池

技术路线：农户生活杂排水与厕所污水分开收集，化粪池第三格上清液与生活杂排水，一并通过户外检查井进入主管网，排入污水处理设施。污水处理设施包括 1 座格栅池、1 套厌氧池、1 套 SBR 反应池、1 座砂滤池+清水池、1 个控制柜（图 8-14）。污水进入格栅池，去除大部分悬浮物后进入厌氧池，采用气提泵将厌氧池内的污水提升至SBR 反应池进行生化处理，再经完全静止沉淀后，上层清水通过气提的方式进入砂滤池进一步过滤后进入清水池，剩余污泥回流厌氧池，处理周期为 12 h，一天 2 批次。

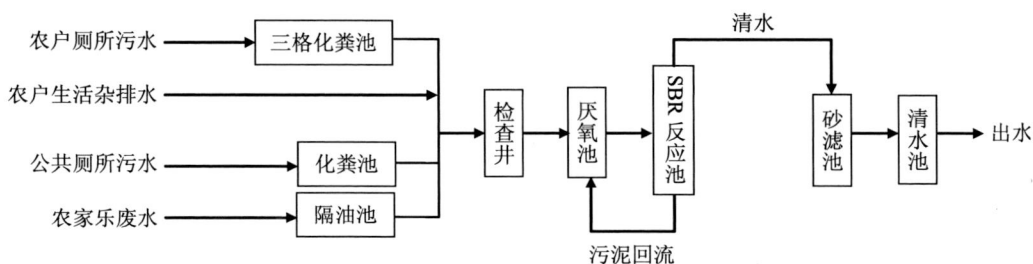

图 8-14　预处理+SBR+砂滤池一体化设施处理技术路线图

适用要求：对于农户居住相对集中、水冲厕改厕率高、流动人口较多、污水产生量波动较大的村庄或人流量变化较大、有农家乐的旅游景区，可采用适度集中、抗冲击负荷较强的 SBR 处理技术，去除效率为化学需氧量 75%、悬浮物＞90%、氨氮 50%～70%，出水执行河南省《农村生活污水处理设施水污染物排放标准》（DB 41/1820—2019）一级标准。该模式运行维护方式为"村民运维为主+第三方设备公司为辅"，日常由村集体自行巡查检查井、管网、处理设施等，每半年由设备公司维护保养一次，主要包括控制柜检查、检查处理设施污泥活性等。运行维护费用主要是设备运行电耗及设备公司维护保养费。

信阳市平桥区王寨村为河南省美丽乡村示范村，游客多，村庄针对农户污水、农家乐污水、公厕污水，采取"统一收集+SBR 处理+回用灌溉"的方法进行治理。污水治理设施尾水用于邻近的月季园绿化，不仅实现了村庄污水治理，还改善了村庄坑塘环境，水资源也得到循环利用。

（5）预处理+生态土壤渗滤床

技术路线：生态土壤渗滤床由上至下依次为顶部种植层（表流湿地、水生植物作用区）、中部填料区（布水区、生态填料主反应区，好氧反应）以及底部防渗层（集水区，厌氧缺氧反应），是一种人工强化的污水生态处理技术。表面流湿地对污水的净化过程与自然湿地相似，通过其中的藻类、微生物、挺水植物、沉水植物等共同作用去除有机物、氮和磷，还可通过植物的光合作用对中部填料层微生物进行充氧；中部生态填料具有高孔隙率、高吸附性的特点，有利于微生物的附着生长和污染物质的截留吸附，通过顶部种植层的水生植物实现大气复氧，并在植物、微生物和生态填料的共同作用下削减污水中的污染物；底部防渗层一方面防止污水下渗进入地下水，另一方面因其具有防渗特性，对污水营造厌氧缺氧环境，降低有机污染物浓度（图 8-15）。该模式在山东省禹城市部分村庄应用。

适用要求：对于位于水环境条件较好的非生态敏感区域且不具备池塘、沟渠等条件、有较大闲置土地的村庄，可采用生态土壤渗滤床技术，该技术出水可达到《城镇污水处理厂污染物排放标准》（GB 18918—2002）一级 A 标准。该模式建设成本为 0.47 万～0.61 万元/t 水，去除效率为化学需氧量 75%～90%、悬浮物＞90%、氨氮 40%～60%，运行成本小于 0.05 元/t 水。

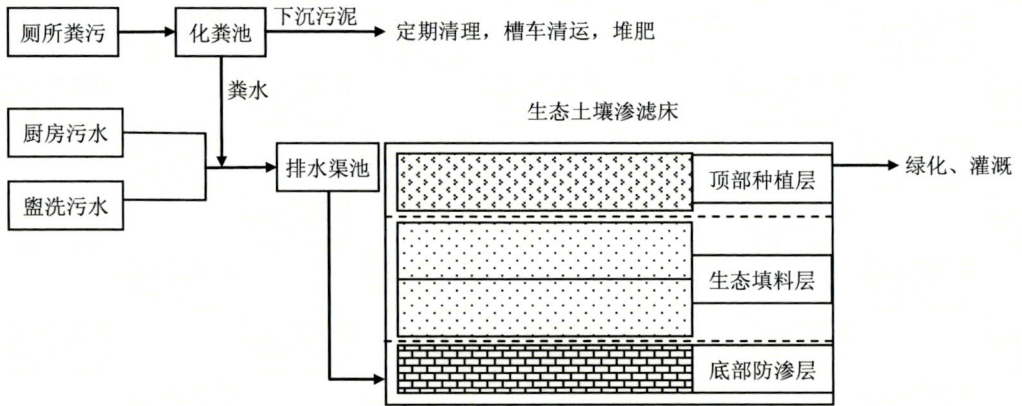

图 8-15　预处理+生态土壤渗滤床技术路线图

　　山东省禹城市房寺镇建设集污水处理站和小微湿地于一体的百亩湿地公园，能满足整个镇上未来五年的生活污水处理需求。

（6）预处理+氮、磷生产型湿地利用生态技术

　　技术路线：对农户化粪池预处理后的粪水，与厨房、浴室废水合并后经排水渠或排水管就近排入附近的生态配比沟渠及生态湿地（配比水生生物、人工建立水生态系统），集中消除污染因子后进入生产型湿地，然后再进入生态塘，向水生动植物及有益微生物供给营养，资源化利用，最终达到地表水体自净循环（图 8-16）。同时在完善水生态环境过程中，在生产型湿地种植水生植物（莲藕、茭白等），在生态塘投放水生动物（螺蛳、鱼类、虾等）、土著有益微生物，创建合理稳定的水生态系统群落结构，恢复并增加水体环境容量，还可获得生态产品转化的经济收益。该模式在信阳市罗山县等取得了较好的应用效果。

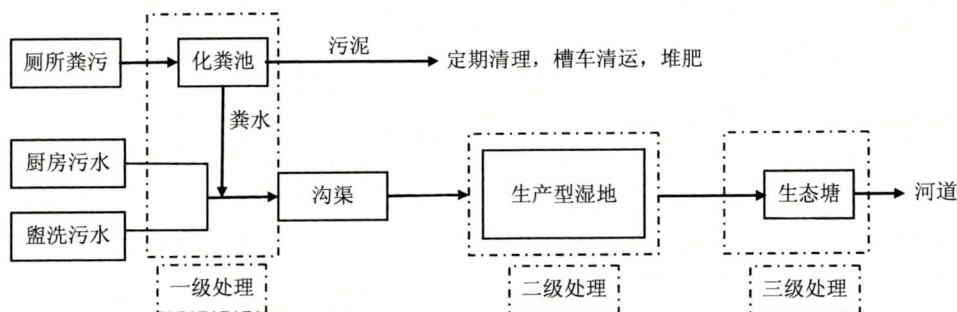

图 8-16　预处理+氮、磷生产型湿地利用技术路线图

适用要求：对于位于水环境条件较好的非生态敏感区域，村庄及周边水系丰富，需要多水共治的村庄。可采用生活污水、农田退水、地表水共治的方式，如氮、磷生产型湿地利用生态修复技术，该技术出水可达到《地表水环境质量标准》（GB 3838—2002）Ⅳ类标准。运行维护成本主要是人工维护费用，不产生水耗、电耗、药耗等费用，能产生直接经济效益。

罗山县朱堂乡万河村将分散的荷塘集中连片，开发建设成占地 700 余亩的莲虾基地，不仅对村庄生活污水实现有效收纳处置，还成为村里脱贫攻坚的重点项目，发展了乡村经济。

（7）预处理+土壤覆盖型微生物协同净化技术

技术路线：农户的厨房、洗衣、洗浴等灰水与化粪池预处理后的粪水，一并进入窨井，再由污水干管管网将各窨井污水统一收集至污水处理系统。污水处理系统采用土壤覆盖型 A/O 净化污水处理技术，处理设施包括污水收集池、土壤覆盖型 A/O 净化池。污水依次经过土壤覆盖型 A/O 净化池内的沉淀分离槽、缺氧/厌氧槽、接触氧化槽、沉淀槽、间歇氧化槽、接触过滤槽、放流槽等功能单元，各处理槽内的污泥统一收集到污泥储藏槽内，通过蚯蚓进一步分解。整个处理过程依靠特制填料上附着的生物膜去除水中的氮、磷污染物，同时结合土壤微生物、特制滤材、植物根系、生物蚯蚓等吸附、沉淀、植物吸收和微生物分解的作用，进一步去除污水中氮、磷等污染物，实现高寒地区农村生活污水有效处理。为保证冬季污水处理效果，土壤覆盖型 A/O 净化池采用地埋式，埋深超过冻土层（图 8-17）。该模式在黑龙江省牡丹江市宁安市海浪镇盘岭村应用。

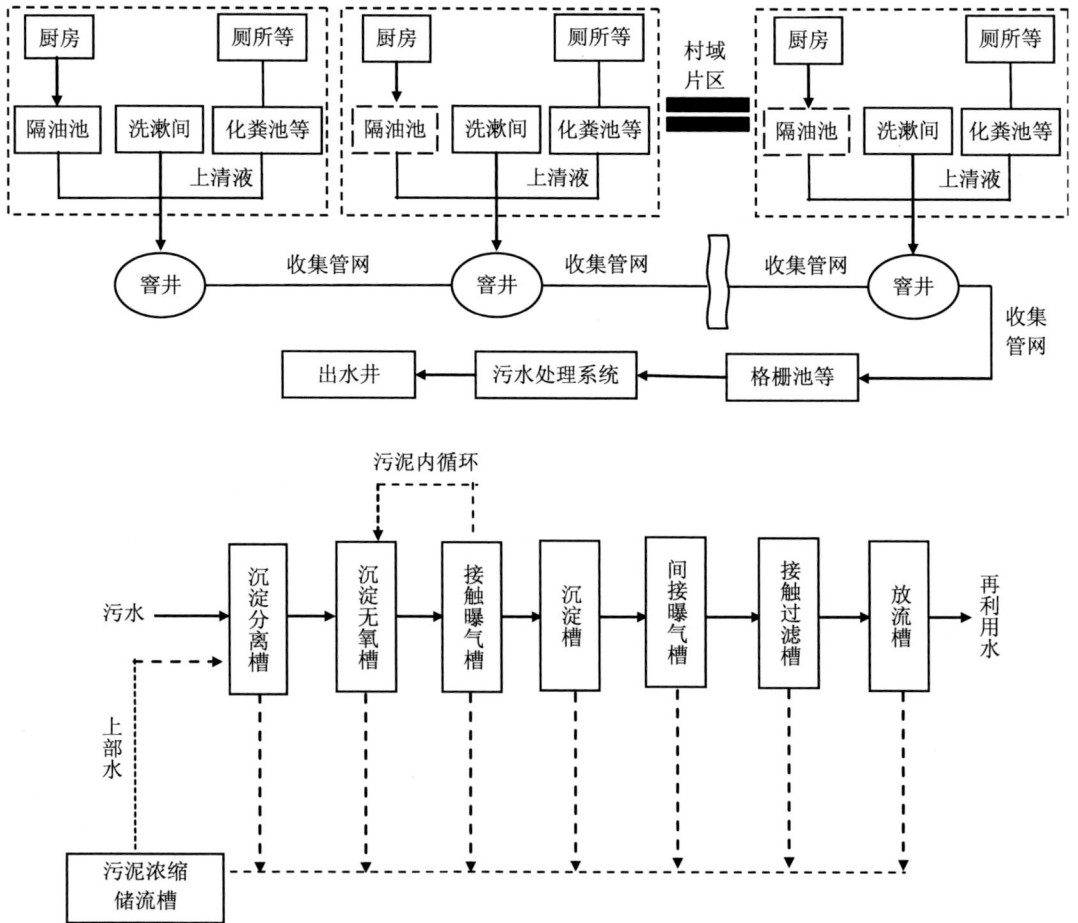

图 8-17　预处理+土壤覆盖型微生物协同净化技术路线图

适用要求：适用于北方寒冷（0℃以下）、居住相对集中（150 人以上）、污水产生量波动较大、种植业相对发达的村庄。该技术处理后出水可达到《农田灌溉水质标准》（GB 5084），农灌时节，出水可用于周边农作物种植。化粪池需定期清掏、土壤覆盖层草坪需定期修剪，间隙运行的风机需定期维护。运行维护简单，设备厂家定期现场培训，运维费用主要是电费、沉渣清理运输费和日常维护工费，运维成本低于 0.7 元/t 水。

8.5 分散治理技术模式

8.5.1 适用条件

分散治理模式包括分区分散型、单户分散型，适用于人口数量较少、住宅布局较分散、山区等地形条件复杂、污水不易集中收集、偏僻单户或相邻几户的农村地区，通常适用于水量小于 10 m³/d、人口少于 100 人的村庄。

8.5.2 技术路线

资源化利用模式中的草粉生态旱厕+粪污还田利用、三格式化粪池、厌氧沼气池、小三格+大三格、厕所粪污生态循环处理等均属于分散处理模式，主要用于处理厕所粪污（黑水），适用范围、技术路线和适用要求详见前文。除上述模式外，小型一体化设备处理技术在分散治理模式中应用较多（图 8-18），如商丘市梁园区、罗山县铁铺镇平楼组等。

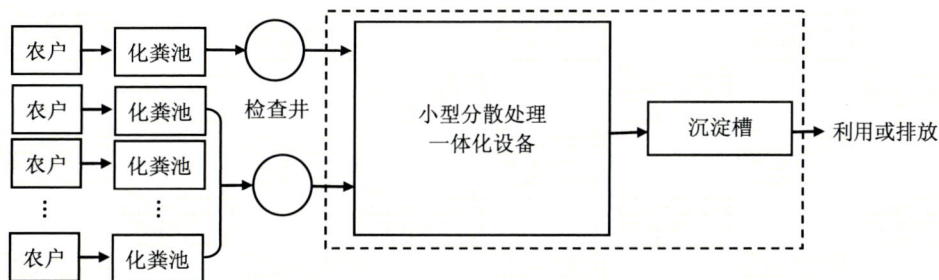

图 8-18 小型一体化设备处理模式技术路线图

　　商丘市梁园区李庄乡、刘口镇、双八镇等地村庄采用户用和联户的分散式污水处理设施，具有占地面积小、日常维护简便、智能化程度高等特点，每台设施 0.3 万元左右，政府给予适当补贴，每天日耗电费 0.2 元左右，出水可直接回用，用于灌溉、养殖、冲厕。

罗山县铁铺镇平楼组根据其位于大别山区的自然地理条件，利用一体化生活污水处理设施的占地小、地下恒温、出水水质好、无扰人噪声、无臭味、运行费用低、便于日常管理等特点，满足达标排放要求。

8.5.3 适用要求

针对污水产生量大或经济条件相对较好，但单个或多个农户地域空间不相连的分散居住区，或地形复杂、不具备管网或沟渠铺设条件、不能产生污水径流也不便采用集中式污水处理设施的偏远山区或地形复杂区等，可采取分户、分区就近收集、就地储存或处理的分散处理模式，如位于山区的农家乐较多的村庄，可采用单户或多户安装小型一体化设备处理。建设成本为 0.2 万～0.5 万元/个，运行费用较低（主要为电费），处理效果较好。

参考文献

[1] 伍启元. 公共政策[M]. 香港：商务印书馆，1989.

[2] 塞缪尔·亨廷顿. 变化社会中的政治秩序[M]. 北京：生活·读书·新知三联书店，1989.

[3] Easton D. The Political System[M]. New York：Kropf，1953.

[4] Lasswell H D，Kaplan A. Power and Society[M]. New Haven：Yale University Press，1970.

[5] Eyestone R. The Threads of Public Policy：A Study in Policy Leadership[M]. Indianapolis：Bobbs-Merril，1971.

[6] Thomas R. Dye. Understanding Public Policy（6th.，ed.）[M]. Englewood Cliffs，N. J.：Prentice-Hall Inc.，1987.

[7] [美]詹姆斯·E. 安德森. 公共决策[M]. 北京：华夏出版社，1990.

[8] Carl J. Friedrich. Man and His Government[M]. New York：McGraw-Hill，1963.

[9] 张国庆. 公共政策分析[M]. 上海：复旦大学出版社，2010.

[10] 林水波，张世贤. 公共政策[M]. 台北：台湾五南图书出版公司，1980.

[11] 王福生. 政策学研究[M]. 成都：四川人民出版社，1991.

[12] 张金马. 政策科学导论[M]. 北京：中国人民大学出版社，1992.

[13] 孙光. 现代政策科学[M]. 杭州：浙江教育出版社，1998.

[14] 河南省环境保护科学研究院. 河南省地方环境保护标准制定探索与实践[M]. 北京：中国环境出版集团，2019.

[15] 王金南，董战峰，蒋洪强，等. 中国环境保护战略政策 70 年历史变迁与改革方向[J]. 环境科学研究，2019，32（10）：1636-1641.

[16] 崔冬，胡敏. 论环境政策与环境法律的环境保护合力作用[J]. 行政与法，2010（3）：25-28.

[17] 桑德斯. 标准化的目的与原理[M]. 北京：科学文献出版社，1974.

[18] 有关标准化及标准化活动的通用词汇：ISO/IEC GUIDE 2—1996[S].

[19] 标准化工作指南　第 1 部分：标准化和相关活动的通用术语：GB/T 2000. 1—2014[S].

[20] 韩德培，肖隆安. 环境法知识大全[M]. 北京：中国环境科学出版社，1999.

[21] 蔡守秋. 环境资源法学[M]. 北京：人民法院出版社，中国人民公安大学出版社，2003.

[22] 金瑞林. 环境与资源保护法学[M]. 北京：高等教育出版社，1999.

[23] 张梓太，吴卫星. 环境与资源法学[M]. 北京：科学出版社，2002.

[24] 程晟. 环境标准立法问题研究[D]. 桂林：广西师范大学，2011.

[25] 彭若愚. 论环境标准的法律意义[J]. 中山大学研究生学刊，2006，27（4）：59-67.

[26] 张传秀，宋晓铭. 浅议我国的环境标准[J]. 化工环保，2004，24：448-452.

[27] 李文峻. 浅谈我国环境标准在环境管理中的作用[J]. 黑龙江环境通报，2010，34（3）：4-6.

[28] 吴邦灿. 我国环境标准的历史与现状[J]. 环境监测管理与技术，1999，11（3）：23-30.

[29] 金筱青. 论我国环境保护标准体系及建议[J]. 中国标准化，2007，1：52-54.

[30] 李小凤，肖帅，刘希艳，等. 我国农村人居环境标准体系现状[J]. 中国标准化，2022，3：154-156.

[31] 陶忠元，薛朝红. 我国农村生态标准化的环境保护效应研究[J]. 生态经济，2017，33（11）：177，181，200.

[32] 郑伟，王华春，王秀波. 标准化在生态文明建设中大有可为[J]. 经济研究导刊，2013（25）：298-300.

[33] 张玮哲，彭祚登，翟明普，等. 我国农业农村生态文明标准体系构建的探讨[J]. 北京林业大学学报（社会科学版），2020，19（3）：55-66.

[34] 洪登华，戴继勇，郑玉艳. 浅析我国农村生态环境保护标准体系的构建[J]. 标准科学，2017（4）：67-69.

[35] 贾小梅，于奇，王文懿，等. 关于"十四五"农村生活污水治理的思考[J]. 农业资源与环境学报，2020，37（5）：623-626.

[36] 李雪娟. 刍议改革开放以来我国农村环境政策的变迁及问题[J]. 法制与社会，2018（11）：172-173.

[37] 孙清娟. 河南省农村生活污水治理的现状与对策探析[J]. 经济师，2021，3：24-26.

[38] 李君. 河南省农村水污染现状和关键防治对策探究[J]. 开封大学学报，2020，34（3）：80-85.

[39] 周凯，郭林，邸国玉，等. 河南省农村生活污水治理现状及政策建议[J]. 农业现代化研究，2019，40（3）：387-394.

[40] 李红臣. 农村生活污水存在问题及治理模式分析[J]. 环境工程设计，2020，9：147-148.

[41] 苏嫚丽，李洁，兖少锋，等. 河南省农村生活污水治理技术模式探讨[J]. 资源节约与环保，2022，2：63-65.

[42] 河南省统计局，国家统计局河南调查总队. 河南统计年鉴 2022[Z]. 北京：中国统计出版社，2022.

[43] 蒋涛，李亚，盛安志，等. 农村生活污水治理模式与技术研究综述[J]. 环境与可持续发展，2018，43（4）：79-83.

[44] 韩玉梅. 农村生活污水分散式处理研究现状及技术探讨[J]. 长江技术经济，2021，7：18-24.

[45] 占明飞，袁红军，宁军，等. 一种农村生活污水氮、磷靶向循环利用的生态修复[P]. 中国专利，112093912A，2020-12-18.

[46] 李鸿莉，陈怡，肖军. 生态塘技术特点及应用实例[J]. 油气田环境保护，2012，8：78-80.